LEBENDIGE WILDNIS

Tiere der Tundra und Polargebiete

LEBENDIGE WILDNIS

Tiere der Tundra und Polargebiete

Sattelrobben · Eisbären
Rentiere · Pinguine · Moschusochsen
Seetaucher · Walrosse · Singschwäne

Verlag Das Beste Stuttgart · Zürich · Wien

INHALT

Über dieses Buch

Rund um die nördliche Polkappe der Erde erstrecken sich Eiswüsten und im Anschluß daran Tundren, deren Dauerfrostböden in den kurzen Sommern höchstens wenige Dezimeter tief auftauen. Dann entstehen ausgedehnte Sumpflandschaften, die ein spärliches Pflanzen- und Tierleben ermöglichen. In den südlichen Bereichen dieser Zone wachsen einzelne Bäume, doch weiter im Norden breitet sich nur noch ein Teppich aus Flechten und Moosen, kleinen immergrünen Sträuchern und langlebigen Gräsern aus, der durchsetzt ist mit Zwergformen von Birken, Weiden und Erlen. Zum Pol hin wird die Pflanzendecke zunehmend schütterer. Die Tierwelt der nördlichen Tundra ist arm an Arten. Winzige Springschwänze, Würmer und Insektenlarven besiedeln die Moospolster, Käfer und Hummeln, Schmetterlinge und Spinnen leben an der Bodenoberfläche, und Myriaden von Mückenlarven wimmeln in Tümpeln und Seen. Rentiere und Moschusochsen, Lemminge und Schneehasen, Eisfüchse und Schneehühner sind die wichtigsten Landwirbeltiere, zu denen sich zahlreiche gefiederte Sommergäste gesellen. Seevogelkolonien säumen die Küstenklippen, und Robben und Eisbären bevölkern das vorgelagerte Eis.

Während die Eismassen um den Nordpol frei auf dem Ozean schwimmen, ruhen die der Antarktis auf festem Grund. Der südliche Kontinent Antarktika ist mit 14 Mio. km^2 etwa doppelt so groß wie Australien und mit einem durchschnittlich 2000 m dicken Eisschild bedeckt. Lediglich 2 % seiner Fläche sind im Sommer eis- und schneefrei, und nur ein kleiner Teil davon weist einen kargen Bewuchs auf, vorwiegend Flechten, Algen und Moose. Deshalb fehlen große pflanzenfressende Landtiere. Pinguine und Robben, die die Antarktis bevölkern, leben ausschließlich von dem, was das Meer ihnen bietet. In den Ozeanen, die den Kontinent umgeben, fördert aufsteigendes Tiefenwasser eine Fülle von Nährstoffen in die oberen Meeresschichten, die die Grundlage für ein reiches pflanzliches und tierisches Leben bilden, das zahlreiche Säugetier- und Vogelarten anzieht.

Trotz der bedrückend langen Polarwinter kommen die Tiere erstaunlich gut mit diesen extremen Bedingungen zurecht. Sie haben sich entweder ganzjährig an die Verhältnisse angepaßt oder sind Saisongäste, die nur den Sommer hier verbringen. Wärmeschutz ist für Säugetiere und Vögel von großer Bedeutung; deshalb besitzen sie ein dichtes Haar- bzw. Federkleid und mächtige Fettpolster oder suchen Schutz unter der isolierenden Schneedecke.

Attraktive Vertreter der Tierwelt der Tundra und Polarregionen stellt dieses Buch in aufregenden Bildern vor, die spürbar werden lassen, welche Probleme das rauhe Klima für die Bewohner dieses Ökosystems birgt und wie empfindlich sie auf Störungen reagieren. Nur wenn die Antarktis von wirtschaftlicher Ausbeutung verschont bleibt und mit den nördlichen Polargebieten in Zukunft behutsamer umgegangen wird, wird es gelingen, diese einzigartige Tier- und Pflanzenwelt zu erhalten.

Prof. Dr. Wilbert Neugebauer
Direktor a. D.
des Zoologisch-Botanischen Gartens WILHELMA, Stuttgart

SATTELROBBEN

Die Heimat dieser Robben ist das arktische Meer, auf dem dicke Eisschollen treiben. Zu Beginn des Winters wandern die Tiere manchmal 4000 km weit zum Packeis, um sich dort in großen Herden zu versammeln und sich fortzupflanzen. Die Weibchen säugen ihre Jungen, die ein weiches, weißes Fell besitzen, nicht einmal 2 Wochen lang; danach sind die Kleinen auf sich gestellt und müssen selbst lernen, Nahrung zu finden.

Da den Wissenschaftlern bis heute sehr wenige Fossilien von Robben zur Verfügung stehen, können sie die Stammesgeschichte dieser spezialisierten Säugetiere nur bruchstückhaft rekonstruieren. Es gibt zwei unterschiedliche Möglichkeiten, wie sich diese Ordnung entwickelt haben kann. Nach der ersten Theorie stammen alle Robben von einem gemeinsamen Vorfahren ab, und der zweiten zufolge haben die Hundsrobben, zu denen auch die Sattelrobbe gehört, einen anderen Ahnen als die Ohrenrobben und Walrosse. Unbestritten ist jedoch, daß sie Nachkommen von Landraubtieren sind.

Diejenigen Paläontologen, die einen gemeinsamen Vorfahren annehmen, sehen den Ursprung der Hundsrobben in bärenähnlichen Tieren – den Enaliarctiden, die vor rund 20 Mio. Jahren, zu Beginn des Miozäns, im Nordpazifik lebten. Andere Forscher sind dagegen der Meinung, daß die beiden Robbengruppen unabhängig voneinander das Wasser erobert haben; nach ihren Untersuchungen ähnelten die Ahnen der Hundsrobben den heutigen Mardern.

Wahrscheinlich verließen diese Raubtiere das Land und paßten sich an das Leben im Meer an, um größeren Raubtieren zu entkommen. Ob sie zuerst in warmem oder kaltem Wasser lebten, ist allerdings nicht bekannt; optimale Bedingungen fanden sie jedoch in den kalten Meeresströmungen an den europäischen und nordamerikanischen Küsten, wo es ein überaus reiches Nahrungsangebot gab.

Vermutlich stammen die Hundsrobben aus Europa. Dort lebten zu Beginn des Miozäns kleine marderartige Raubtiere, die sich gern im Wasser aufhielten und zur Gattung *Potamotherium* gehörten. Aus der Zeit vor etwa 15 Mio. Jahren, dem mittleren Miozän, stammt die erste Gattung, die eindeutig den Hundsrobben zugeordnet werden kann: *Leptophoca*. Im Miozän trennten sich bereits die Entwicklungslinien, die zu den beiden Unterfamilien der Hundsrobben führten, den Phocinae, die vorwiegend den nördlichen Teil der Erde besiedelten, und den Monachinae, von denen sich einige Arten in den Tropen niederließen und andere zur südlichen Erdhalbkugel wanderten. Zu den ersteren gehört die Sattelrobbe, die im Nordatlantik und im Nordpolarmeer lebt.

Wohlig streckt diese junge Sattelrobbe ihren Kopf der Sonne entgegen. Sie hat das Eis aufgesucht, um ihr Fell zu wechseln, und nun, da dieser Prozeß abgeschlossen ist, wird sie bald wieder in die Fluten gleiten, um Nahrung zu suchen. In den Meeren nahe dem Nordpol wimmelt es von kleinen Krebstieren und Fischen. Eine dicke Speckschicht schützt den gewandten Räuber im Wasser und an der Luft vor Unterkühlung. Nur wenige Tierarten können die eisigen Winde der Arktis so gut ertragen.

Im kalten Polarmeer zu Hause

Sattelrobben verbringen die meiste Zeit ihres Lebens im Meer. Hier jagen sie Fische und andere Beutetiere, legen große Strecken zurück und ruhen sich aus, indem sie sich an der Wasseroberfläche treiben lassen. Bei schönem Wetter steigen die Weibchen gern auf Eisschollen und nehmen ein Sonnenbad; wenn jedoch Wind aufkommt, Nebel heranzieht oder Schnee zu fallen beginnt, ziehen sie sich wieder ins Meer zurück.

Gewandte Schwimmer

Der gesamte Körperbau der Sattelrobben ist ausgezeichnet an das Leben im Wasser angepaßt – die stromlinienförmige Gestalt, die spitze Schnauze und die glatte Körperoberfläche. So besitzen die Tiere keine Ohrmuscheln, und ihre Gliedmaßen sind zu Schwimmflossen umgebildet.

Im Wasser bewegen sich die Sattelrobben mit wohlkoordinierten Bewegungen ihrer Hinterflossen und seitlichen Schlängelbewegungen des Rumpfes. Die Vorderflossen setzen sie in erster Linie zum Steuern ein. Sie können eine Geschwindigkeit von bis zu 20 km/h erreichen.

Wenn die Sattelrobben sich im Wasser ausruhen, nehmen sie entweder eine senkrechte Haltung ein, wobei sie den Kopf aus dem Wasser heben, oder sie strecken sich in Bauchlage aus. Die gespreizten Flossen sorgen dann für das Gleichgewicht; die Schnauze, der Rücken und der Schwanz liegen knapp unter der Wasseroberfläche.

Kleine und große Fische bevorzugt

Sattelrobben sind sehr aktiv und verbringen den größten Teil des Tages mit der Nahrungssuche. Sie fressen vorwiegend Fische, die nahe der Wasseroberfläche schwimmen, beispielsweise Kabeljaue und Heringe, aber auch Tintenfische und Krebstiere. Seltener jagen sie Bewohner größerer Tiefen, etwa Schollen und Schellfische. Junge Sattelrobben, die gerade erst entwöhnt wurden und sich beim Fischefangen noch ungeschickt anstellen, bleiben gewöhnlich nahe der Oberfläche und ernähren sich von Krebstieren des Planktons wie etwa Krill oder von kleinen Fischen wie Polardorschen.

Kleine Beutetiere fangen die Robben, indem sie sie einsaugen. Große Fische dagegen bringen sie an die Oberfläche, um sie dort in mundgerechte Happen zu zerteilen und diese zu verschlucken. Während der Wanderungen im Winter und Frühling sowie während des Fellwechsels nehmen die Tiere kaum Nahrung auf. Weibchen verbringen außerdem weniger Zeit als gewöhnlich mit Jagen, wenn sie ein Jungtier säugen, um das Kleine nicht zu lang allein zu lassen. Amerikanische Experten schätzen, daß eine Sattelrobbe durchschnittlich 65 Tage im Jahr fastet.

Vor- und Nachteile kurzer Beine

Hundsrobben sind noch stärker an das Leben im Wasser angepaßt als Ohrenrobben, zu denen etwa die Seelöwen gehören. Während der Körper der Ohrenrobben an Land auf den Flossen ruht, müssen sich die Hundsrobben auf dem Bauch voranschieben. Sie können ihre Hinterflossen nur noch zum Schwimmen einsetzen. Im nassen Element bewegen sich diese hochspezialisierten Raubtiere jedoch gewandter als ihre Vettern mit den längeren Gliedmaßen.

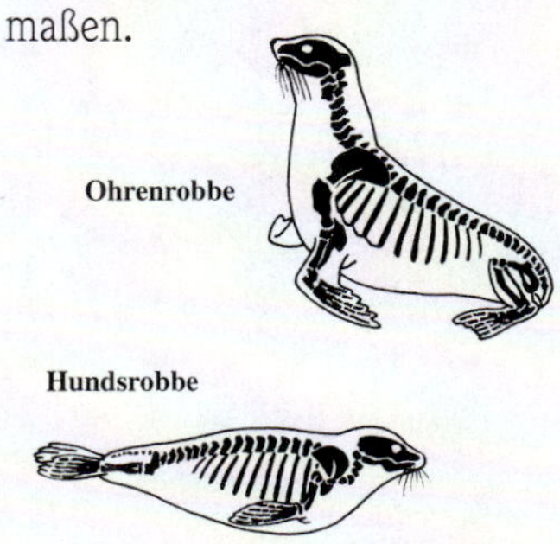

Sattelrobben bewegen sich häufig zwischen Eisschollen, wo die Wassertemperatur 1–4 °C beträgt. Zuweilen richten sie sich senkrecht auf und strecken den Kopf aus dem Wasser, um sich zu orientieren.

Die gewandten Schwimmer können bis zu 300 m hinabtauchen und 18 Minuten unter Wasser bleiben. Da nur wenig Licht in die tieferen Meeresschichten vordringt, benötigen die Sattelrobben sehr große und lichtstarke Augen.

Wenn die Paarungszeit näher rückt, versammeln sich die Sattelrobbenweibchen auf dem Treibeis. Allerdings halten die einzelnen Tiere zueinander immer einen Abstand von mindestens 1,50 m ein. Derweil bleiben die geschlechtsreifen Männchen noch im Wasser, wo sie miteinander wetteifern und wahre Schwimmkunststücke vollführen. Auf diese Weise versuchen sie, die Aufmerksamkeit der Weibchen, die dem Treiben gelassen zusehen, auf sich zu lenken.

Eine kurze, aber stürmische Liebe

Nach einer Wanderung von einigen tausend Kilometern kommen die Weibchen aus dem hohen Norden, wo sie sich eine dicke Speckschicht angefressen haben, in das Gebiet, in dem sie selbst geboren wurden. Viele von ihnen erwarten ein Junges, das wenige Tage nach ihrer Ankunft zur Welt kommen wird.

Die Weibchen lassen sich in Scharen von bis zu 3000 Individuen auf Eisschollen nieder, deren Dicke mindestens 25 cm beträgt. Sie entfernen sich jedoch nie weit vom Rand des Eises, damit sie bei Gefahr schnell im Meer Zuflucht suchen können. Wenn die Eisschollen zusammenzufrieren beginnen, sorgen die Tiere dafür, daß sogenannte „Atemlöcher" frei bleiben, indem sie mit dem Kopf gegen das dünne Eis stoßen. Diese Öffnungen haben an der Oberfläche einen Durchmesser von 60–90 cm und werden nach unten weiter.

Dank der Arbeiten des kanadischen Wissenschaftlers Keith Ronald, der sich ab den 70er Jahren intensiv mit den Sattelrobben beschäftigte, ist die Biologie dieser Tiere heute recht gut bekannt. Nach seinen Untersuchungen werden die Robben nur einmal im Jahr brünstig. Zuerst sind die jungen Weibchen, die noch keinen Nachwuchs hatten, empfängnisbereit, und kurz darauf folgt die Brunst der älteren Tiere. Gewöhnlich paaren sie sich wenige Tage nach der Entwöhnung ihrer Jungen.

Die Kapriolen der Männchen

Anfang März beginnt im größten Teil des Verbreitungsgebietes die Brunstzeit der Sattelrobben. Männchen und Weibchen zeigen dann nicht nur ein besonderes Verhalten, sondern verändern sich auch körperlich. So verströmen die geschlechtsreifen männlichen Robben einen starken Moschusgeruch.

Zur Fortpflanzungszeit finden sich die Männchen in der Nähe der Eisschollen ein, auf denen die Weibchen liegen. Diese betrachten von ihrem Aussichtsplatz sehr genau, wie sich die emsigen Bewerber um ihre Gunst bemühen. Zur Demonstration ihrer Vorzüge springen die Männchen aus dem Wasser, drehen Kreise oder schwimmen mit hoher Geschwindigkeit in die Richtung ihrer Auserwählten. Dabei stoßen sie charakteristische hohe Laute aus. Das einzige Ziel dieser Vorführung ist, die Aufmerksamkeit der Weibchen zu erregen. Häufig versuchen die Männchen nicht nur, ihre Rivalen durch eine eindrucksvolle Show auszustechen, sondern bekämpfen sie mit Zähnen und Vorderflossen.

Wenn die solchermaßen Umworbenen einem Männchen gewogen sind, nehmen sie eine besondere Haltung ein: sie krümmen den Rücken, werfen den Kopf nach hinten und stellen die Hinterflossen hoch. Nun kann die Paarung stattfinden. In der Regel kommen die Männchen dazu auf das Eis und begatten die Weibchen dort. In manchen Gebieten, vor allem im kanadischen St.-Lorenz-Golf, paaren sich die Robben jedoch häufig im Wasser. Der Grund hierfür ist wahrscheinlich die Bedrohung durch Menschen auf dem Eis.

Sattelrobben pflanzen sich ab einem Alter von 4–8 Jahren bis zu ihrem Tod fort. Nach der Paarungszeit, die 4–8 Wochen dauert, sammeln sich die Männchen wieder und schwimmen auf der Suche nach Nahrung gen Norden, gefolgt von den Weibchen und schließlich von den Jungtieren.

Dieses allzu ungeduldige Männchen (hinten im Bild) kommt zu früh. Erst wenn die Mutter das weiße Robbenbaby entwöhnt hat, wird sie paarungsbereit. Mit drohenden Rufen hält sie ihren Verehrer fern, so daß dieser unverrichteterdinge ins Wasser zurückkehren und auf eine bessere Gelegenheit warten muß. In der Regel pflegen die Sattelrobben keine dauerhaften Beziehungen, sondern bilden Paare, die nur während der Fortpflanzungszeit zusammenbleiben und sich danach wieder trennen.

Eine unterbrochene Tragzeit

Sattelrobben werfen ihre Jungen nach einer Tragzeit von 11,5 Monaten, die tatsächlich allerdings nur etwa 8,5 Monate dauert. Die Befruchtung erfolgt sofort nach der Paarung in der zweiten Märzhälfte (Tag 0), und die Eizelle teilt sich bis zum Blasenkeimstadium. Dann ruht die Keimesentwicklung 90 Tage lang (grauer Bereich in der Grafik). Im Juni setzt sie wieder ein (blau), aber das Ei nistet sich

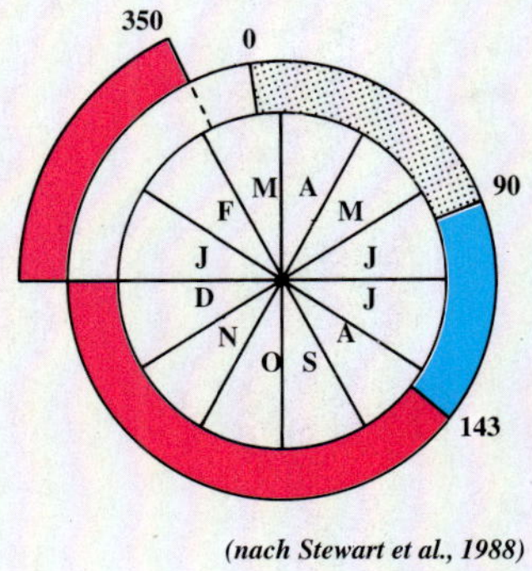

(nach Stewart et al., 1988)

erst am 143. Tag in die Gebärmutterschleimhaut ein (rot).

Aus dem warmen Mutterleib aufs Eis

Wenn die trächtigen Weibchen Ende Februar nach ihrer langen Wanderung in ihrem Fortpflanzungsgebiet ankommen, suchen sie sich auf einer großen Eisscholle einen Platz, an dem sie ihr Junges zur Welt bringen können. Gelegentlich sind die klimatischen Bedingungen in dieser Zeit allerdings ungünstig, oder das Eis hat nicht die notwendige Stärke; dann können die Tiere die Geburt hinauszögern, ohne daß ihr Kleines im Mutterleib geschädigt wird. Kanadische Forscher, die dieses Phänomen untersuchten, stellten fest, daß im Jahr 1981, als bei Neufundland starke Schneestürme über den Nordatlantik tobten, alle Sattelrobben ihre Jungen verspätet bekamen. Die Weibchen warteten mit der Geburt, bis sich das Wetter beruhigt hatte.

Kurz vor ihrer Niederkunft versammeln sich die Weibchen; gelegentlich drängen sich Gruppen von 5000–6000 Tieren auf 2 km² Packeis zusammen. Die Geburt, die nachts oder frühmorgens stattfindet, dauert meist nur 15–40 Sekunden. Häufig reißt die Nabelschnur bereits ab, während das Junge aus dem Mutterleib austritt.

Kleine Robbe mit großem Appetit

Das Neugeborene, das wie ein dickes, nasses Wollknäuel aussieht, hat blaue Augen, die nach 3–4 Tagen braun werden. Bei seiner Geburt vertauscht das Jungtier die wohlige Temperatur von 37 °C, die im mütterlichen Körper herrscht, gegen eine Außentemperatur von –15 bis +5 °C. Überdies ist es eisigen Winden ausgesetzt. Um seine Körpertemperatur aufrechtzuerhalten, während sein Fell trocknet, zittert es deshalb in den ersten Lebensstunden unaufhörlich.

Sofort nach der Geburt berührt die Mutter ihr Kleines mit der Nasenspitze und den Barthaaren, was wahrscheinlich für das spätere Wiedererkennen wichtig ist. Im Alter von etwa 2 Stunden trinkt das Robbenkind zum ersten Mal an den Zitzen des Weibchens. Die Milch enthält 46,2 % Fett, während beispielsweise Kuhmilch nur zu 5 % aus Fett besteht. Dank dieser besonders nahrhaften Flüssigkeit nimmt das Kleine während der Säugezeit, die 10–12 Tage dauert, täglich etwa 2,5 kg zu. Sein Geburtsgewicht von 11–12 kg steigt bis zur Entwöhnung auf 30–40 kg.

Gefahren für die hilflosen Robbenkinder

In seinen ersten Lebenswochen, wenn das Junge auf dem Eis bleiben muß, ist es am stärksten gefährdet. Eisige Winde, die unmittelbar nach seiner Geburt wehen, können seinem Körper so viel Wärme entziehen, daß es auch durch Zittern seine Temperatur nicht aufrechterhalten kann. Starke Stürme zerbrechen manchmal die Eisscholle, auf der die Sattelrobbe zur Welt gekommen ist, und das Jungtier fällt ins Wasser. Dort hat es keine Überlebenschance, da es in den ersten Lebenstagen noch nicht schwimmen kann.

Bei Gefahr bleibt die junge Sattelrobbe reglos auf dem Eis liegen und bewegt sich nicht. Häufig ruft sie nach ihrer Mutter, doch diese kommt ihrem Jungtier meist nicht zu Hilfe, wenn sie sich selbst bedroht fühlt und sich im Wasser in Sicherheit bringen kann. Neben dem Menschen ist der Eisbär der einzige Feind, der den jungen Sattelrobben gefährlich wird.

Lebenswichtiger Babyspeck

Robbenbabys nehmen pro Tag durchschnittlich 2,5 kg zu, wovon 1,9 kg im Unterhautfettgewebe gespeichert werden. Diese Speckschicht, der Blubber, kann bei eben entwöhnten Tieren über 10 cm dick sein und macht mehr als die Hälfte ihrer Körpermasse aus. Von diesem Fett zehren die Jungen während des Fellwechsels. Besonders dick ist der Blubber in der Mitte des Rumpfes; zum Kopf und zu den Hinterflossen hin wird er immer dünner (siehe Grafik). Bei Erwachsenen erreicht er mit bis zu 8 cm im Winter seine größte Stärke, ist jedoch nie so dick wie bei Jungen.

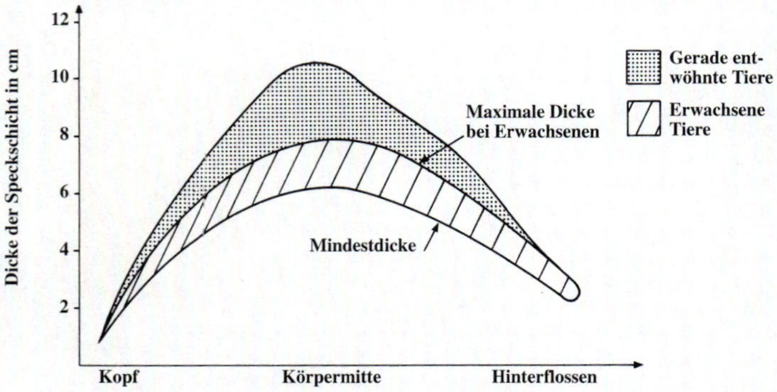

Gleich nach der Geburt nimmt die Robbenmutter mit der Schnauze Kontakt mit ihrem Jungen auf, dessen gelblichweißes Fell noch vom Fruchtwasser verklebt ist. Bald darauf erhält das Kleine den ersten Schluck der fettreichen Milch. Das Weibchen geht in den 10–12 Tagen, in denen es sein Jungtier säugt, nur selten auf die Jagd, sondern zehrt von den mächtigen Fettvorräten, die es sich vor der Wanderung zum Wurfplatz im nahrungsreichen Nordpolarmeer angefressen hat.

Gar nicht geheuer ist der kleinen Sattelrobbe, daß ihre Mutter ins Wasser taucht und keine Anstalten macht, zurückzukommen. Auf diese Weise versucht das Weibchen, sein Junges ins Wasser zu locken; das erfordert viel Geduld, da das Kleine zunächst Angst vor dem unbekannten Element hat. Damit es Vertrauen schöpft, berührt die Mutter zärtlich seine Nasenspitze. Das Baby folgt ihr lange mit den Augen, bevor es sich entschließt, selbst hineinzugleiten. Frühestens im Alter von 1 Woche kann sich das Junge ins eisige Wasser wagen, da es dann durch seinen Speck vor der Kälte geschützt ist.

Übung macht den Meister

Sattelrobben gehören zu den Säugetieren, die am schnellsten reifen. In der 2. Lebenswoche entwöhnt die Mutter das Kleine, indem sie es plötzlich verläßt. Bereits im Alter von 10–12 Tagen muß es lernen, allein in einer mitunter feindlichen Umgebung zu überleben. Nachdem das Weibchen im Wasser verschwunden ist, heult das Junge stundenlang; schließlich beruhigt es sich und sucht Kontakt zu den anderen Jungtieren, die sein Schicksal teilen.

Die Entwöhnung fällt mit dem ersten Fellwechsel zusammen. Dabei verliert das Robbenbaby büschelweise seine weichen weißen Haare, und ein silbergraues, kurzhaariges, glatt anliegendes Haarkleid wächst nach. In dieser Zeit wirkt das Fell der Jungrobbe wie von Motten zerfressen.

Während sein Fell durch ein neues ersetzt wird, ist das Robbenbaby nicht ausreichend gegen die Kälte geschützt und muß deshalb ständig an Land bleiben. In dieser Zeit kann es keine Nahrung aufnehmen und muß von seinen Fettreserven leben. Nach und nach schwindet der Babyspeck; das Junge verliert bis zum Ende des Fellwechsels mehr als 5 kg. Dann verläßt es seine Eisscholle und begibt sich ins Meer, um sich den Bauch vollzuschlagen.

Die Mutter hat dem Jungtier nur geholfen, das Meer zu entdecken und sich darin fortzubewegen. Die Kunst des Beutefangs muß es selbst lernen. Anfangs kann die Jungrobbe nicht sehr lang unter Wasser bleiben und ernährt sich deshalb überwiegend von kleinen Krebstieren, die in den oberen Wasserschichten leben. Erst wenn sie 1 Jahr alt ist, wagt sie sich in größere Tiefen hinab, um nach Zwergdorschen zu suchen, der Lieblingsspeise der Sattelrobben.

Da das Kleine im nassen Element noch unbeholfen ist, hält es sich einige Zeit in der Nähe seines Geburtsortes auf. Bis zum Alter von 8–10 Wochen läßt es sich von der Strömung treiben, die das Tier nach Süden bringt. Erst wenn es wieder zu Kräften gekommen ist, beginnt es, nach Norden zu schwimmen, auf der Spur seiner Artgenossen, die bereits zur Frühlingswanderung aufgebrochen sind. 20–40 km legt die Robbe täglich zurück. Nach einer 2–3 Monate dauernden Reise erreicht sie schließlich die reichen Fischgründe, in denen sie zu den anderen Sattelrobben stößt.

Wechselnde Farben

Ihr weißes, flauschiges Fell besitzen Sattelrobben nur in den ersten beiden Lebenswochen. Nach dem ersten Fellwechsel ist ihr Haarkleid silbrig, und im Alter von 1 Jahr tauschen sie es gegen das gefleckte Jugendfell ein. In diesem Stadium fehlen ihnen noch die dunkle Farbe am Kopf und die charakteristische Rückenzeichnung.

Bis die Tiere ausgefärbt sind, vergehen weitere Jahre; Männchen bekommen das Erwachsenenfell erst mit 8–9 Jahren und Weibchen noch wesentlich später – manchmal nicht vor ihrem 20. Geburtstag. Der Fellwechsel findet alljährlich im März und April statt und dauert 2–4 Wochen lang.

Das erste Bad ist glücklich verlaufen, und das Kleine versucht, auf das Eis zurückzusteigen.

Wenn es seinen Schrekken überwunden hat, genießt das Junge seine Ausflüge ins Meer. Allerdings bleibt es immer nahe der Oberfläche.

▶ Ängstlich ruft das Robbenbaby nach seiner Mutter, als der Fotograf ihm zu nahe kommt.

Sattelrobbe

Phoca groenlandica

Diese recht gut erforschte Art gehört zur Familie der Hundsrobben und unterscheidet sich von ihren Verwandten durch das Haarkleid, das bei der Geburt schneeweiß ist und beim erwachsenen Tier eine charakteristische hufeisenförmige Zeichnung aufweist. Das Fell der Sattelrobbe besteht aus zweierlei Haaren: den Grannenhaaren, die die Haut vor Abschürfungen schützen, und den Wollhaaren, die kürzer und dünner sind und zur Wärmeisolierung beitragen. Noch wichtiger als Schutz gegen Wärmeverlust ist jedoch die beachtliche Unterhautfettschicht.

Wenn es sehr kalt wird – die Lufttemperatur kann bis −15 °C fallen –, sucht die Sattelrobbe im Wasser Zuflucht, dessen Temperatur kaum unter 0 °C sinkt. Gelegentlich scheint die Sonne allerdings auch so intensiv, daß es dem Tier auf dem Eis zu warm wird; dann nimmt es ebenfalls ein Tauchbad, um sich zu erfrischen.

Abgesehen von alten Männchen, die die Einsamkeit zu lieben scheinen, sind Sattelrobben gesellige Tiere. Sie verbringen die meiste Zeit im Wasser, wo sie sich wesentlich gewandter bewegen und sich offenbar wohler fühlen als an Land. Bis zu 18 Minuten lang können sie unter Wasser bleiben und bis zu 300 m tief hinabtauchen. Auf dem Eis bewegen sie sich robbend, hopsend und rutschend mit einer Geschwindigkeit von bis zu 2 km/h vorwärts.

Sehen und Hören sind die am besten entwickelten Sinne der Sattelrobben. Ihre Augen passen sich sowohl an die hellen Lichtverhältnisse über den Schneeflächen an, die das Sonnenlicht reflektieren, als auch an die Dunkelheit der tiefen Wasserschichten. Da ihre Netzhaut vorwiegend die äußerst lichtempfindlichen, auf Hell-Dunkel-Wahrnehmung spezialisierten Stäbchenzellen enthält, können sie nur beschränkt Farben erkennen. Das Auge der Sattelrobben und der anderen polaren Robben reagiert vor allem auf die Farbe Grün sehr empfindlich, die die flachen Küstengewässer charakterisiert, während die tropischen Robbenarten eher auf Blau, die Farbe der Hochsee, ansprechen.

Ihr sehr sensibles Gehör dient ihnen vor allem zum Auffinden der Beute. Auch nahende Feinde können sie unter Wasser mit Hilfe ihres akustischen Sinnesorgans wahrnehmen. Nach bisherigen Erkenntnissen besitzen die Sattelrobben und die anderen Hundsrobben allerdings kein hochentwickeltes Echoortungssystem wie beispielsweise die Delphine.

Bei der Verständigung mit Artgenossen spielt das Gehör ebenfalls eine wichtige Rolle; so alarmieren Jungtiere, die allein auf dem Eis liegen, bei Gefahr ihre Mutter mit charakteristischen Rufen. Vor allem während der Fortpflanzungszeit äußern die Sattelrobben unter Wasser eine Vielzahl unterschiedlicher Laute. Zoologen zeichneten diese Signale auf, doch da sie das Verhalten der Tiere in der Tiefe nicht beobachten konnten, ist die Funktion der einzelnen Laute noch nicht geklärt.

	SATTELROBBE
Art:	*Phoca groenlandica*
Familie:	Hundsrobben
Ordnung:	Robben
Klasse:	Säugetiere
Merkmale:	Gelblichweißes oder ins Graue spielendes Fell, Kopf schwarz oder braun; dunkle hufeisenförmige Zeichnung auf dem Rücken. Neugeborene völlig weiß
Maße:	Körperlänge 1,40–2 m
Gewicht:	136–182 kg
Verbreitung:	Nordpolargebiet. Drei verschiedene Populationen – eine im Weißen Meer, eine im Grönländischen Meer und eine im Nordwestatlantik
Lebensraum:	Offene See am Rand von Packeis und Treibeis. Jahreszeitliche Wanderungen: südwärts im Winter und nordwärts im Frühling
Nahrung:	Fische, z. B. Zwergdorsche, Schellfische, Schollen und Heringe, sowie Tintenfische und kleine Krebstiere. Etwa 2 Monate währende Fastenzeit während des Fellwechsels
Sozialstruktur:	Gruppen mehrerer tausend Tiere während des Fellwechsels und der Fortpflanzung; während der Brunstzeit feste Paare
Geschlechtsreife:	Weibchen mit 3–7 Jahren, Männchen mit 4–5 Jahren
Fortpflanzung:	Ende Februar bis März
Tragzeit:	11,5 Monate; verzögerte Einnistung des Eies, deshalb tatsächliche Tragzeit nur 8,5 Monate
Anzahl der Jungen pro Geburt:	1
Geburtsgewicht:	11–12 kg
Größe bei der Geburt:	90–108 cm
Lebensdauer:	Mehr als 30 Jahre
Bestand:	Schätzungsweise 2,5 Mio. Tiere
Bedrohung und Schutz:	Nicht bedroht; Jagd erlaubt, aber durch Quoten beschränkt

Vorderflossen
Paddelförmig; tragen lange Krallen, mit denen sich das Tier auf dem Eis festhält.

Fell
Kurz und dicht; hellgrau mit dunkelbrauner bis schwarzer Zeichnung.

Kopf
Kegelförmig, im Verhältnis zum Körper klein. Große, dunkle Augen und lange Barthaare.

Rumpf
Kurz und kräftig. Bis zu 8 cm dicke Speckschicht unter der Haut.

Hinterflossen
Beiderseits des kurzen Schwanzes; sorgen für den Antrieb beim Schwimmen.

Das Hörvermögen der Sattelrobben ist unter Wasser bedeutend besser als an der Luft. Unter Wasser reagieren sie noch auf Ultraschall im Bereich von 60–65 kHz, während sie an Land nur laute Töne bis maximal 32 kHz wahrnehmen können.

Unter Wasser ist der äußere Gehörgang fest geschlossen (siehe Kasten rechts). Wissenschaftler stellten fest, daß ein Verschließen des Ohres von Sattelrobben an der Luft wie bei Menschen zu einer Abnahme der Hörleistung führt, da der Schall nicht mehr durch den Gehörgang zum Sinnesorgan gelangen kann; unter Wasser jedoch ist das Hörvermögen der Tiere dadurch keineswegs beeinträchtigt. Aus dieser Tatsache schlossen die Forscher, daß die Schallwellen im nassen Element anders geleitet werden müssen; wie dies genau geschieht, ist noch nicht untersucht, doch bisherige Erkenntnisse deuten darauf hin, daß die Wände der Gehörgänge diese Schwingungen zum Innenohr leiten. Bei anderen Säugetieren, die im Wasser leben, gelangen die Schallwellen häufig über die Schädelknochen ins Innenohr, wo die Sinneszellen sitzen.

Wahrscheinlich spielt der Geruchssinn außerhalb des Wassers eine wichtige Rolle. Fachleute vermuten, daß die Robben mit seiner Hilfe das Nahen eines Feindes bemerken, wenn dieser noch einige Dutzend Meter entfernt ist. Außerdem können die Männchen aufgrund chemischer Signale feststellen, welche Weibchen paarungsbereit sind, und die Mütter erkennen ihre Kleinen auf dem Packeis unter Hunderten von Jungtieren an seinem Geruch.

Auch der Tastsinn der Sattelrobben ist hoch entwickelt. Die wichtigsten Sinneszellen zur Wahrnehmung taktiler Reize befinden sich an der Basis der langen Barthaare, die für alle Robben typisch sind. Neuere Forschungen weisen darauf hin, daß die Wasserraubtiere ihre Beute in der Dunkelheit der tiefen Wasserschichten, wo ihre Augen nichts mehr wahrnehmen, mit den Barthaaren aufspüren und identifizieren können.

Besondere Merkmale

Augen
Die Linse der großen Augen ist wie bei den Fischen rund, und die Iris dehnt sich sehr weit aus. Bei hellem Tageslicht verengt sich die Pupille wie bei einer Katze zu einem schmalen Schlitz; unter Wasser und bei Dunkelheit weitet sie sich zu einer kreisrunden Öffnung, die fast so groß ist wie die gesamte Iris. Da die Robben, ähnlich wie Katzen, eine reflektierende Zellschicht hinter der Netzhaut besitzen, ist ihr Sehvermögen auch bei schlechten Lichtverhältnissen noch beachtlich, und ihre Augen fangen auf diese Weise nachts und in großer Tiefe das wenige Licht optimal auf. Ihre Sehschärfe an der Luft und unter Wasser unterscheidet sich kaum.

Ohren
Die Sattelrobbe hat wie alle Hundsrobben keine Ohrmuscheln. Ihre Ohröffnung, deren Durchmesser höchstens 12 mm beträgt, ist länglich geformt. Beim Tauchen wird dieses „Hörloch" von einem kräftigen Muskel verschlossen, damit kein Wasser in den äußeren Gehörgang eindringt. Um zu verhindern, daß aufgrund der großen Druckunterschiede zwischen der Luft im Ohr und dem Wasser in größerer Tiefe die Hörkanäle kollabieren, besitzt die Robbe verstärkte Wände am Gehörgang und ein besonderes Gewebe im Innenohr, das von zahlreichen Hohlräumen durchzogen ist. Vermutlich gelangt der Schall zum Teil über die knöchernen Wände des Gehörgangs und die sie durchziehenden Blutgefäße zum Innenohr.

Rückenzeichnung
Ein dunkler hufeisenförmiger Fleck auf dem Rücken ist charakteristisch für das erwachsene Tier. Wegen ihrer Lage heißt die Zeichnung auch „Sattelfleck" und gab der Sattelrobbe ihren Namen. Dieses Merkmal unterscheidet die Art eindeutig von anderen Robben. Beide Geschlechter sind gleich gezeichnet.

Nase
Die Nasenhöhlen der Sattelrobbe sind besonders langgestreckt und enden in Nasenlöchern, die in geweitetem Zustand einen Durchmesser von 2 cm erreichen. Mit einem kräftigen Muskel schließt das Tier diese Öffnungen, wenn es untertaucht, und verhindert dadurch, daß Wasser in die Atemwege eindringt.

Barthaare
Unter allen Säugetieren sind die Barthaare bei den Robben am stärksten entwickelt. Eine Sattelrobbe besitzt durchschnittlich 48 Schnurrhaare an der Schnauze und drei über jedem Auge. Zu einem Haar führen mehr als 1000 Nervenzellen – zehnmal so viele wie bei einer Katze.

Andere Hundsrobben

Die Familie der Hundsrobben umfaßt 18 Arten, von denen fünf auf der südlichen Erdhalbkugel und 13 auf der Nordhalbkugel leben. Zwischen den einzelnen Arten bestehen erhebliche Unterschiede in Größe und Aussehen, angefangen von der Kaspi-Robbe, die maximal 86 kg schwer wird, bis zum Riesen der Familie, dem See-Elefanten, mit bis zu 4 t Gewicht. Im folgenden werden die einzelnen Arten, mit Ausnahme der Sattelrobbe und der Mönchsrobben, vorgestellt.

SEEHUND
Phoca vitulina
Merkmale: Grau oder hellbraun; kleine Flecken auf dem Rücken und dem Kopf; runder Kopf.
Maße: Körperlänge 1,20–1,95 m.
Gewicht: 45–200 kg.
Verbreitung: Nordatlantik und Nordpazifik; im Süden bis nach Nordmexiko.
Lebensraum: Treibeis, Sandstrände, Küstengewässer, Buchten, Seen; mäßig warme oder kalte Meere.
Lebensweise: In kleinen Gruppen; keine Wanderungen.
Nahrung: Fische, Kopffüßer und kleine Krebstiere.
Bestand: Rund 500000 Tiere. In der Nordsee seit dem Seehundsterben von 1988–1989 rückläufig.
Bedrohung und Schutz: Nicht bedroht; alljährlich werden Zehntausende, vor allem Jungtiere, wegen ihres Felles getötet.

BANDROBBE
Phoca fasciata
Merkmale: Dunkelbraunes Fell mit breiten, cremefarbenen Bändern rings um den Körper.
Maße: Körperlänge 1,50–1,80 m.
Gewicht: 80–140 kg.
Verbreitung: Beringmeer, Ochotskisches Meer.
Lebensraum: Packeis.
Nahrung: Fische, Krebstiere und Kopffüßer.
Lebensweise: Einzelgänger; Wanderungen mit der Ausdehnung des Packeises.
Bestand: Etwa 240000 Tiere.
Bedrohung und Schutz: Örtlich begrenzte Jagd.

BAIKALROBBE
Phoca sibirica
Merkmale: Stahlgraues Fell, Bauch heller.
Maße: Körperlänge 1,20–1,40 m.
Gewicht: 80–90 kg.
Verbreitung: Baikalsee in Sibirien.
Lebensraum: Ufernahe Zonen.
Nahrung: Vor allem Fische.
Lebensweise: Jahreszeitliche Wanderungen.
Bestand: Ca. 50000 Tiere.
Bedrohung und Schutz: Kommerzielle Jagd; 2000–3000 Tiere werden pro Jahr getötet.

KASPI-ROBBE
Phoca caspica
Merkmale: Ins Graue spielendes oder gelbliches Fell mit großen, dunklen, ovalen Flecken.
Maße: Körperlänge 1,20–1,60 m.
Gewicht: 40–86 kg.
Verbreitung: Kaspisches Meer.
Lebensraum: Eis im Winter, wärmere südliche Gewässer im Sommer.
Nahrung: Fische und Krebstiere.
Lebensweise: Jahreszeitliche Wanderungen.
Bestand: Etwa 600000 Tiere.
Bedrohung und Schutz: Kommerzielle Jagd. 60000–65000 Jungrobben werden pro Jahr gefangen.

RINGELROBBE
Phoca hispida
Merkmale: Graues, mit vielen kleinen dunkleren Ringen gesprenkeltes Fell.
Maße: Körperlänge 1,20–1,80 m.
Gewicht: 60–130 kg.
Verbreitung: Nordpolarmeer.
Lebensraum: Bevorzugt Eis in Küstennähe.
Nahrung: Krebstiere und andere Wirbellose, kleine Fische.
Lebensweise: Meist einzelgängerisch, zur Zeit des Fellwechsels gesellig.
Bestand: Schätzungsweise 6–7 Mio.
Bedrohung und Schutz: Nicht gefährdet. Einige zehntausend Tiere werden jährlich wegen des Felles getötet.

LARGHAROBBE
Phoca largha
Merkmale: Ähnelt dem Seehund, hat aber größere Flecken.
Maße: Körperlänge 1,40–1,80 m.
Gewicht: 120–150 kg.
Verbreitung: Nordwestpazifik, Beringmeer, Ochotskisches Meer.
Lebensraum: Packeis, selten sandige Küsten.
Nahrung: Fische, Kopffüßer und Krebstiere.
Lebensweise: Während der Fortpflanzungszeit feste Paare.
Bestand: Rund 400000 Tiere.
Bedrohung und Schutz: Örtlich begrenzte Jagd.

BARTROBBE
Erignathus barbatus
Merkmale: Einfarbig graues Haarkleid; lange, gewellte Schnurrhaare.
Maße: Körperlänge 2,25–3,40 m.
Gewicht: 250–410 kg.
Verbreitung: Nordpolarmeer, Beringmeer, Ochotskisches Meer.
Lebensraum: Treibeis oder Packeis, selten am Festland.
Nahrung: Muscheln, Krebstiere, Tintenfische, Fische.
Lebensweise: Einzelgänger; zur Fortpflanzungszeit geselliger.
Bestand: Etwa 500000 Tiere.
Bedrohung und Schutz: Örtlich begrenzte Jagd.

KLAPPMÜTZE
Cystophora cristata
Merkmale: Silbergraues, dunkler geflecktes Fell. Kann die Nasenscheidewand zu einem Ballon aufblasen, der beim Männchen wesentlich größer ist als beim Weibchen.
Maße: Körperlänge 1,80–3,60 m.
Gewicht: 180–408 kg.
Verbreitung: Gewässer an der Nordostküste Kanadas, vor Grönland, Spitzbergen und Island.
Lebensraum: Treibeis und hohe See; taucht häufig sehr tief.
Nahrung: Fische, Tintenfische und andere Weichtiere, Garnelen.

Bartrobbe *(Erignathus barbatus)*

Seehund *(Phoca vitulina)*

Lebensweise: Jahreszeitlich bedingte Wanderungen. Einzelgänger; in der Fortpflanzungszeit Familien.
Bestand: Rund 500000 Tiere.
Bedrohung und Schutz: Kommerzielle Jagd, bei der jährlich mehrere zehntausend Tiere getötet werden.

KEGELROBBE
Halichoerus grypus
Merkmale: Helles, geflecktes Fell. Kegelförmiger Kopf; auffallende Barthaare. Männchen mit starken Nackenfalten.
Maße: Körperlänge 1,80–3 m.
Gewicht: 140–300 kg.
Verbreitung: Ostsee, nahe den Küsten des Nordost- und Nordwestatlantik.
Lebensraum: Packeis, Treibeis; Felsküsten, zuweilen auch Sandküsten.
Nahrung: Fische, Kopffüßer und Krebstiere.
Lebensweise: Männchen besetzt ein Territorium und besitzt einen Harem.
Bestand: Ca. 120000 Tiere; steigend.
Bedrohung und Schutz: Besonders in Großbritannien von Fischern gejagt.

WEDDELLROBBE
Leptonychotes weddelli
Merkmale: Hellgraues, mit kleinen weißen Flecken gesprenkeltes Fell.
Maße: Körperlänge 2,50–3,20 m.
Gewicht: 250–411 kg.
Verbreitung: Antarktische Gewässer.
Lebensraum: Packeis, offenes Meer.
Nahrung: Fische, Kopffüßer, Krill.
Lebensweise: Wanderungen mit dem Packeis. Männchen besetzt in der Fortpflanzungszeit ein Revier.
Bestand: 250000–800000 Tiere.
Bedrohung und Schutz: Nicht bedroht. Beschränkte Jagd.

ROSSROBBE
Ommatophoca rossi
Merkmale: Dunkelgrau, am Bauch heller. Kleines Maul, große Augen.
Maße: Körperlänge 1,80–3 m.
Gewicht: 170–210 kg.
Verbreitung: Antarktis.
Lebensraum: Packeis und Treibeis.
Nahrung: Fische, Kopffüßer, Krill.
Lebensweise: Jahreszeitlich bedingte Wanderungen.
Bestand: Rund 150000 Tiere.
Bedrohung und Schutz: Kommerzielle Jagd mit Beschränkungen.

KRABBENFRESSER
Lobodon carcinophagus
Merkmale: Silbergraues Fell, am Bauch heller.
Maße: Körperlänge 2,40–3 m.
Gewicht: 225–300 kg.
Verbreitung: Antarktis, Gewässer zwischen der südlichen gemäßigten Zone und dem Südpolargebiet.
Lebensraum: Packeis und Treibeis sowie mäßig warmes Wasser.
Nahrung: Krill.
Lebensweise: Jahreszeitlich bedingte Wanderungen; zur Fortpflanzungszeit Familiengruppen.
Bestand: Schätzungsweise 30 Mio.
Bedrohung und Schutz: Nicht gefährdet. Begrenzte Jagd.

SEELEOPARD
Hydrurga leptonyx
Merkmale: Dunkelgrau am Rücken, Bauch hellgrau; zahlreiche kleine Flekken. Großer länglicher Kopf mit kräftigem Gebiß. Lange Vorderflossen.
Maße: Körperlänge 2,80–3,60 m.
Gewicht: 270–360 kg.
Verbreitung: Antarktis, Gewässer zwischen der südlichen gemäßigten Zone und dem Südpolargebiet.
Lebensraum: Rand des Packeises und wärmere Meere.
Nahrung: Pinguine und Seevögel, junge Robben, Krill, Fische, Kopffüßer.
Lebensweise: Einzelgänger.
Bestand: 250000–800000 Tiere.
Bedrohung und Schutz: Nicht bedroht; beschränkte kommerzielle Jagd.

NÖRDLICHER SEE-ELEFANT
Mirounga angustirostris
Merkmale: Einfarbig braun; Männchen mit rüsselförmiger Nase.
Maße: Körperlänge des Männchens bis 4,5 m, des Weibchens 2–3 m.
Gewicht: Männchen 2–3,5 t, Weibchen bis 900 kg.
Verbreitung: Gewässer nahe der Westküste Nordamerikas.
Lebensraum: Sandstrände, zum Teil auch Felsküsten; mäßig warme Meere.
Nahrung: Fische und Tintenfische.
Lebensweise: Männchen besetzt in der Fortpflanzungszeit ein Territorium und bildet einen Harem. Kann bis über 1500 m tief tauchen und mehr als 1 Stunde unter Wasser bleiben.
Bestand: Rund 120000 Tiere.
Bedrohung und Schutz: War Ende des 19. Jh. fast ausgestorben. Heute geschützt und nicht mehr bedroht.

SÜDLICHER SEE-ELEFANT
Mirounga leonina
Merkmale: Ähnelt dem Nördlichen See-Elefanten.
Maße: Körperlänge des Männchens 4–5 m, des Weibchens 2–3 m.
Gewicht: Männchen 3–4 t, Weibchen bis 900 kg.
Verbreitung: In der Nähe des Südpols.
Lebensraum: Packeis oder Festland.
Nahrung: Fische, Kopffüßer und andere Wirbellose.
Lebensweise: Jahreszeitlich bedingte Wanderungen; Männchen besetzt ein Revier und bildet einen Harem. Kann sehr tief tauchen.
Bestand: 600000–700000 Tiere.
Bedrohung und Schutz: Geschützt; nicht unmittelbar bedroht.

Südlicher See-Elefant *(Mirounga leonina)*

Sattelrobben in ihrem Lebensraum

Sattelrobben unternehmen zweimal im Jahr lange Wanderungen. Im Frühling ziehen sie zum Fellwechsel nach Norden, und im Winter wandern sie zur Fortpflanzung nach Süden. Jede Population (siehe Karte) hat ihre eigene Reiseroute. Diejenigen Tiere, die in den Gewässern Grönlands leben, halten sich beispielsweise im Sommer zwischen Spitzbergen und Grönland auf, wo die überaus fischreichen Gewässer ihnen Nahrung in Hülle und Fülle bieten. Im Winter ziehen sie südwärts, und die Weibchen werfen ihre Jungen im März nahe der Insel Jan Mayen. Wenn die Eisschmelze einsetzt, kehren sie zum Fellwechsel in den Norden zurück. Die meisten Tiere erreichen Mitte Juni ihre Nahrungsgründe, und die Jungen, die in dem betreffenden Jahr geboren wurden, ziehen später nach. Einige von ihnen bleiben jedoch den ganzen Winter über in der Nähe der Küste Grönlands.

Ein rätselhafter Kompaß

Wenn die Sattelrobben in Scharen dahinziehen, erinnern sie an einen Schwarm Tümmler. Ähnlich wie diese Delphine springen sie auf ihrer Wanderung häufig aus dem Wasser. Sie halten ihre Reiseroute erstaunlich genau ein, was in Anbetracht der Entfernungen, die sie zurücklegen, nicht einfach ist. Bereits seit vielen Jahren versuchen Wissenschaftler die Frage zu klären, wie sich die Tiere dabei orientieren.

Wahrscheinlich halten sie sich an die grünliche Färbung der Küstengewässer, die die Augen der Sattelrobben besonders intensiv wahrnehmen; diese Vorliebe für Grün verhindert, daß sie sich in die offene See verirren. Wie die Tiere ihren Kurs beibehalten, ist allerdings noch nicht endgültig geklärt.

Nach Meinung einiger Wissenschaftler orientieren sich die Tiere an den Temperaturgradienten, die das Schmelzen und die Ausdehnung des Eises verursachen, möglicherweise jedoch auch am Wind. Andere Forscher sind davon überzeugt, daß sie sich ganz einfach von ihrem Instinkt leiten lassen, da die Jungen ihren Weg ohne Hilfe der älteren Tiere finden.

Gefahren im Wasser und an Land

Auf ihren Wanderungen und während ihres Aufenthaltes auf dem Eis lauern zahlreiche Gefahren auf die Sattelrobben. Der Mensch ist der gefährlichste Feind, doch auch verschiedene Raubtiere jagen diese Meeressäuger. Auf offener See können sie den Orkas oder Schwertwalen, den gefährlichsten Räubern der Ozeane, zum Opfer fallen. Gelegentlich erbeuten auch Walrosse junge, unerfahrene Sattelrobben.

Vor den Angriffen von Eisbären versuchen sich die Tiere dadurch zu schützen, daß sie sich vom Festland fernhalten und Eisschollen dem Packeis vorziehen. Auf diese Weise entgehen sie den Angriffen der Raubtiere, die immer Appetit auf junge Robben haben.

Ungleiche Konkurrenten

Die Fischer Rußlands und Japans betrachten die Sattelrobben, deren Zahl auf insgesamt 2,5 Mio. Individuen geschätzt wird, als ernstzunehmende Konkurrenz. Sie fordern deshalb eine Verringerung der Robbenbestände, in der Hoffnung, dadurch ihre Fänge zu erhöhen. Diese einfache Rechnung läßt jedoch außer acht, daß diese Tiere ein wichtiger Teil eines komplizierten Ökosystems sind, in dem jeder Eingriff ungeahnte Folgen nach sich zieht.

So würde eine Verminderung des Robbenbestandes wahrscheinlich zu einer starken Vermehrung der großen Bartenwale führen, die sich von den gleichen Beutetieren – Zwergdorschen und Krill – ernähren. Diese Großsäuger könnten so viel Krill fressen, daß dieser in den arktischen Gewässern stark abnehmen würde, was wiederum einen Rückgang der Fische zur Folge hätte.

Bereits dieses kleine Beispiel zeigt, daß das ökologische Gleichgewicht der Arktis so empfindlich ist, daß der Mensch hier nicht störend eingreifen darf.

Leben unter dem arktischen Eis: die Ringelrobbe

Keine Robbenart kommt so weit im Norden vor wie die Ringelrobbe. Um das ganze Jahr in dieser extremen Umgebung überleben zu können, hat sie einige spezielle Verhaltensweisen entwickelt.

Jedes Tier lebt in einem festen Aufenthaltsgebiet, in dem das ganze Jahr reichlich Nahrung vorhanden ist. Da dieses Areal im Winter unter einer durchgehenden Eisdecke liegt, muß die Robbe ständig dafür sorgen, daß einige Atemlöcher offenbleiben. Sie beginnt bereits im Herbst damit, wenn die Eisdecke noch sehr dünn ist. Um ein Loch zu schaffen, stößt sie mit der Schnauze gegen das Eis. Bei jedem Auftauchen und bei jedem Landgang durchbricht das Tier Eisschichten, die sich in der Zwischenzeit wieder gebildet haben.

Wenn im Winter eine dicke Schneedecke fällt und das Eis bedeckt, schwingt sich die Ringelrobbe durch eines ihrer Atemlöcher nach oben und gräbt sich unter dem Schnee eine Höhle. Dort schläft sie in der kalten Jahreszeit – gut geschützt vor den Schneestürmen und den extremen Temperaturen des Polargebietes. Auch ihr Junges bringt die Ringelrobbe in dieser Höhle zur Welt.

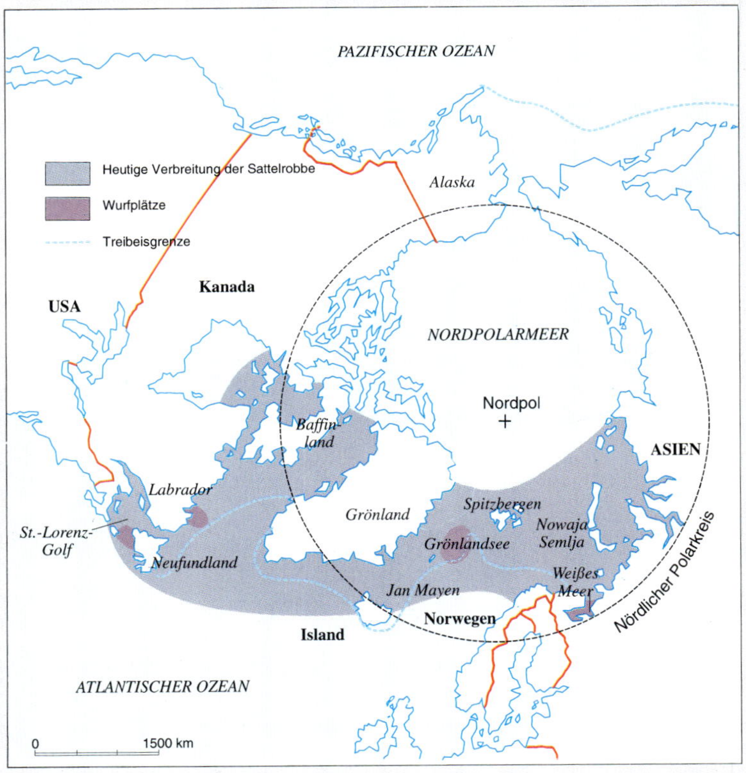

Das Verbreitungsgebiet der Sattelrobben erstreckt sich von der Küste Rußlands und Nordostskandinaviens über viele arktische Inseln, Grönland und Nordisland bis nach Ost- und Nordkanada. Fachleute unterscheiden drei Populationen, die ihre Jungen in weit voneinander entfernten Gebieten zur Welt bringen. Die Wurfplätze liegen im Weißen Meer, in der Grönlandsee und an der Ostküste Kanadas. Vermutlich vermischen sich diese Bestände nicht, da die Tiere zur Fortpflanzung immer wieder die Gebiete aufsuchen, in denen sie geboren wurden.

Ein Kuscheltier mit trauriger Berühmtheit

Für die ursprünglichen menschlichen Bewohner der Nordpolarregion waren Sattelrobben und andere arktische Robbenarten wichtige Jagdbeute. Archäologen gruben beispielsweise auf der norwegischen Insel Sørøya westlich von Hammerfest eine 6000–8000 Jahre alte Kochgrube aus, in der wahrscheinlich Jäger aus Robben- und Walblubber Öl gewannen.

Heute sind die Sattelrobben auch in unserem Kulturraum weithin bekannt, allerdings aus einem völlig anderen Grund. Das Fell der Säuglinge läßt sich zu hochwertigem Pelz verarbeiten, und viele tausend Robbenbabys wurden ihrer Felle wegen getötet – manchmal auf sehr grausame Weise. Als Bilder von solchen Abschlachtungen durch die Presse gingen, rückten die niedlichen kleinen Robben ins Licht der Öffentlichkeit.

Wesen mythischen Ursprungs

Für die Inuit, die Ureinwohner im hohen Norden Nordamerikas und Grönlands, spielen Robben eine große Rolle. Sie liefern nicht nur Nahrung und Öl, sondern auch Fell für Kleidung und andere Rohstoffe, aus denen sich Gebrauchsgegenstände herstellen lassen. Die wichtigsten Robbenarten für die Inuit sind Ringelrobben, Bartrobben und Walrosse. Sattelrobben, die sich vorwiegend auf schwer zugänglichen Eisschollen aufhalten, sind nicht so stark von den menschlichen Jägern bedroht.

Die Robbenjagd stellt für die Menschen, die in der Arktis leben, fast einen rituellen Akt dar. Meist werden die Tiere an den Atemlöchern, die sie regelmäßig zum Luftholen aufsuchen, getötet; die Jäger stehen geduldig davor und warten, bis ein Opfer auftaucht, um blitzschnell eine Harpune in seinen Leib zu stoßen.

Viele Legenden der Inuit handeln vom Ursprung der Robben. Die Hauptperson ist ein junges Mädchen, das Nuliajuk oder Sedna heißt. Nuliajuk gehört zu den mächtigsten Geistern der Inuit, und die Menschen sehen in ihr die Mutter aller Tiere und die Gebieterin über Meer und Land. Eine Legende erzählt, daß Nuliajuk und ihr Vater beim Fischen waren und dabei unvorsichtigerweise Vögel beleidigten. Die Vögel nahmen ihnen dies übel und verursachten einen heftigen Sturm, der das Boot in Gefahr brachte. In panischer Angst beschloß der Vater, seine Tochter den wütenden Vögeln als Opfer darzubringen, und warf sie über Bord. Als sie wieder in das Boot klettern wollte, hieb er ihr die Finger ab. Diese Finger verwandelten sich alsbald in Robben. Seit diesem tragischen Vorfall ist Nuliajuk die Gebieterin über Stürme und über die Robben; wenn sie zornig ist, hält sie die Tiere von den Jägern fern. Deshalb rufen die Inuit sie vor ihren Jagdzügen mit Liedern an und bitten sie um ihr Wohlwollen.

Sattelrobben als Handelsware

Obwohl Robben schon immer zu den wichtigsten Beutetieren der Inuit gehörten, stellten diese Jäger nie eine Bedrohung für die Tiere dar. Kritisch wurde die Bejagung durch Menschen erst, als die Industriestaaten den Handelswert der Meeressäuger entdeckten und begannen, sie in großen Mengen zu fangen.

Unter allen Robbenarten, die aus kommerziellen Gründen gejagt wurden, nahm die Sattelrobbe lange Zeit den ersten Platz ein. Seit 1750 war sie die Grundlage der „Robbenindustrie" Neufundlands, in der ihr Fell zu Pelz und Leder verarbeitet und Öl aus ihrem Fett gewonnen wurde. Schon immer waren die Jungtiere mit dem weißen Fell, die im Englischen „White coats" heißen, am gewinnbringendsten. Ihr herrlicher Pelz machte die Kürschner reich und ihre dicke Fettschicht die Industrie.

Im letzten Jahrhundert wurden zwischen 1820 und 1860 jährlich mehr als 500000 Sattelrobben abgeschlachtet. So erschlugen allein im Jahr 1831 10000 Jäger auf 300 Schiffen 687000 Tiere. In dieser Zeit war die Robbenjagd ein hartes und gefährliches Unternehmen. Unzählige Robbenfänger starben im kalten Polarmeer oder kamen mit Erfrierungen an Füßen und Händen zurück.

Wesentlich einfacher ist es, mit Eisbrechern direkt zu den Tieren zu gelangen und sie in schwimmenden Fabriken mit Kühlanlagen zu verarbeiten. Häufig werden auch Hubschrauber eingesetzt, um die Herden zu finden. 1970 schätzten Fachleute die Sattelrobbenbestände auf etwa 3 Mio. Tiere, doch schon 10 Jahre später war ihre Zahl auf 1,25 Mio. gesunken. Um das Töten im großen Stil einzudämmen, setzte Kanada daraufhin eine Quote fest: pro Jahr standen den Jägern nicht mehr als 150000 Tiere zu. Außerdem wurde der Einsatz großer Schiffe und Hubschrauber im St.-Lorenz-Golf verboten.

Zur gleichen Zeit begann auch die Weltöffentlichkeit, auf das massenhafte Abschlachten der Robbenbabys aufmerksam zu werden. Bilder von blutbespritztem Eis und

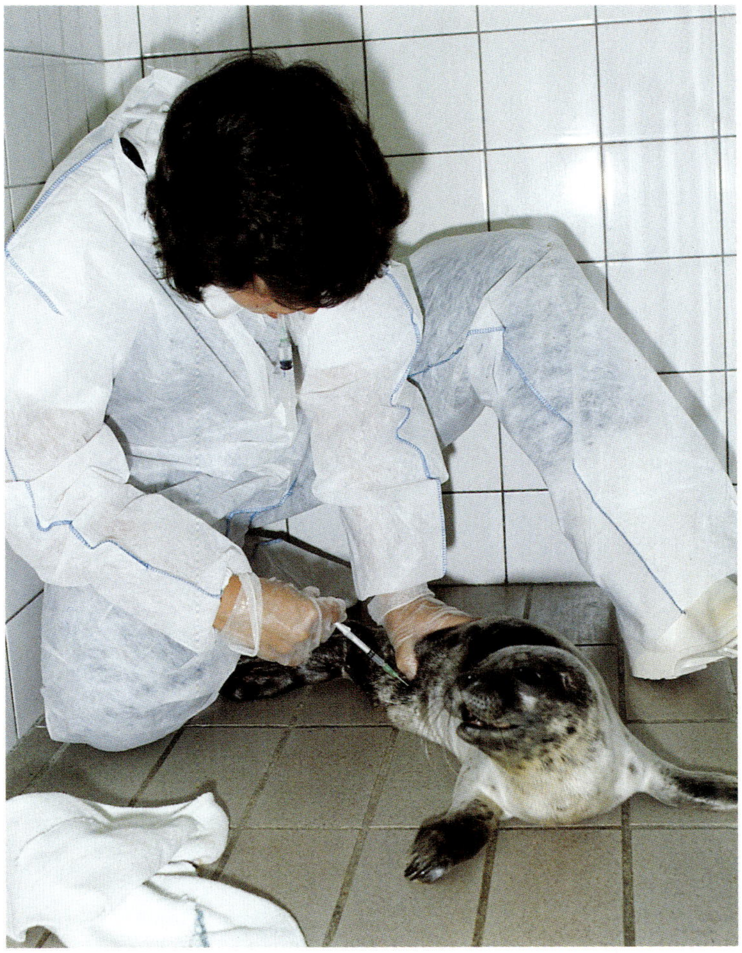

Während des Winters 1988/89 starben Tausende von Robben an einer Virusepidemie. Zahlreiche kranke Tiere strandeten an den Küsten der Ostsee und der Nordsee und wurden von Tierärzten behandelt. In den Niederlanden richteten Robbenforscher in der Robbenstation von Pieterburen sogar eine Spezialklinik ein. Dort wurde alles versucht, um die erkrankten Tiere zu retten, während ein Forscherteam fieberhaft an der Entwicklung eines Impfstoffes arbeitete.

von erschlagenen Tieren, die an Ort und Stelle enthäutet wurden, erschienen in fast allen Zeitschriften der westlichen Welt. Tierschützer und die großen internationalen Naturschutzorganisationen befaßten sich mit dem Thema und organisierten zahlreiche Kampagnen, die große Resonanz fanden. Die kleinen Robben mit ihren großen braunen Augen rührten die Herzen aller Tierfreunde.

1984 schließlich kam der Handel mit den weißen Fellen praktisch zum Erliegen, da sie keinen Absatz mehr fanden. Dennoch wird die Jagd auf Sattelrobben im Weißen Meer, an den Küsten Kanadas und in Norwegen noch immer in großem Stil betrieben.

Internationale Schutzmaßnahmen

1988 verbot die kanadische Regierung die Jagd auf junge Sattelrobben, die noch ihr weißes Fell tragen, sowie auf Klappmützenbabys, deren Haarkleid mit blaugrauem Rücken ebenfalls zu begehrtem Pelz verarbeitet werden kann. Allerdings erlaubt der Gesetzgeber weiterhin das Töten älterer Jungtiere und erwachsener Robben. Auch andere Hundsrobbenarten, vor allem die in der Antarktis vorkommenden Krabbenfresser, die Seeleoparden und die Weddellrobben werden noch in großem Umfang kommerziell genutzt. Die Jagd auf diese Arten bleibt erlaubt, da sie noch nicht vom Aussterben bedroht sind, doch es gibt strenge Beschränkungen. So ist die Jagd auf Weddellrobben, die älter als 1 Jahr sind, zwischen dem 1. September und dem 31. Januar, wenn diese Tiere sich fortpflanzen, verboten. Diese Bestimmung betrifft auch den Südlichen See-Elefanten und die Rossrobbe.

Den Lachszüchtern Großbritanniens ist es sogar erlaubt, Seehunde und Kegelrobben, die sich zu nah an ihre Netze heranwagen, zu töten. Zahlreiche Tiere, die nicht von Fischern gejagt werden, kommen durch Unfälle oder Fahrlässigkeit um. In Norwegen beispielsweise verfangen sich häufig Sattelrobben in Kabeljaunetzen und ertrinken. 1980 waren es 9000 Tiere.

Sinnloses Robbenschlachten auf Staatskosten

Seit das Töten neugeborener Sattelrobben international geächtet ist, läßt sich mit den Fellen dieser Tiere kein Geschäft mehr machen, doch längst nicht alle Robbenjäger wurden arbeitslos: Vor einigen Jahren heuerte die norwegische Regierung einige dieser Männer an, damit sie im Rahmen eines Arbeitsbeschaffungsprogramms arbeitslosen Männern die Technik des Robbentötens beibrachten. In einer Saison erbeuteten die vier Schiffe, die für dieses Programm gen Norden fuhren, mehr als 14000 Sattelrobben. Da die Tiere während des Fellwechsels gefangen wurden, konnte nicht einmal ihr Fell verwertet werden.

Dieses Unternehmen, das umgerechnet weit über 2 Mio. DM kostete, sollte auch den Fischern ihre Fänge sichern, die durch die große Zahl der Sattelrobben, die in den Gewässern nahe der norwegischen Küste auf Jagd gehen, reduziert wurden. Daß die Robben so häufig in Küstennähe auf Fischfang gehen, ist allerdings die Folge der Tätigkeit menschlicher Fischer: Diese haben die reichen Fischgründe der Hochsee inzwischen weitgehend leergefischt, und die Sattelrobben müssen sich ihre Nahrung in anderen Gebieten suchen.

Neue Gefahren durch die Verschmutzung der Umwelt?

Aufgrund ihres Lebensraumes, der für Menschen schwer zugänglich war, wurden die Robben der Polargebiete lange Zeit kaum erforscht. Heute widmen sich jedoch zahlreiche Wissenschaftler diesen interessanten Säugern. Auch außerhalb der Universitäten schlossen sich in mehreren Ländern kleine Gruppen von Freiwilligen mit dem Ziel zusammen, kranken, verlassenen und verirrten Tieren zu helfen.

Diese Helfer betreuten etwa die Opfer des Robbensterbens von 1988/89, einer Virusepidemie, die über 18000 Robben das Leben kostete. Als die ersten Erkrankungen bekannt wurden, reagierten niederländische Tierärzte sehr schnell. Sie versuchten die Seuche zum Stillstand zu bringen, indem sie diejenigen Tiere behandelten, bei denen die Krankheit noch im Anfangsstadium war. Einer dieser Veterinärmediziner, Dr. Osterhaus, stellte fest, daß das Virus dem der Hundestaupe ähnelt. Beide Erreger verursachen fast die gleichen Symptome: die befallenen Tiere können keine Nahrung mehr aufnehmen und sterben schließlich an den Folgen der Infektion, die den Verdauungsapparat, die Atmungsorgane und das Nervensystem schädigt. Warum sich das Robbensterben so plötzlich seuchenartig ausbreitete, ist noch unbekannt. Experten nehmen an, daß die Verschmutzung der Nordsee wesentlich dazu beigetragen hat. Inzwischen hat sich der Seehundbestand wieder erholt.

Die Bilder von den Massakern an Sattelrobbenbabys, die nur wegen ihres wertvollen Felles abgeschlachtet wurden, rüttelten die Tierfreunde in aller Welt auf. Zahlreiche Natur- und Tierschutzorganisationen setzten sich dafür ein, daß die Jagd auf die kleinen weißen Robbenkinder verboten wird. Wegen des zunehmenden Druckes der Öffentlichkeit schob Kanada Ende 1988 der kommerziellen Jagd auf junge Sattelrobben, die noch nicht entwöhnt sind, einen Riegel vor. Da diese Robbenart nicht bedroht ist, dürfen allerdings weiterhin ältere Jungtiere und erwachsene Individuen getötet werden.

EISBÄREN

Die bevorzugte Jahreszeit des unumstrittenen Königs der Arktis ist der Winter, wenn er besonders fette Beute findet, die er leicht fangen kann. Sein dichtes weißes Fell schützt den Robbenjäger so hervorragend vor Wärmeverlust, daß er nicht einmal mit Infrarotmeßgeräten aufzuspüren ist.

Die Stammesgeschichte des Eisbären, der der jüngste Sproß der Familie der Bären ist, läßt sich wie die aller Landraubtiere 30 Mio. Jahre, ins Oligozän, zurückverfolgen. Erste bärenartige Räuber entwickelten sich aus der Gattung *Amphicynodon*, die vor etwa 27 Mio. Jahren, gegen Ende des Oligozäns, verbreitet war. Diese Formen zeichneten sich durch ein hundeähnliches Gebiß aus, weshalb sie lange Zeit in den Stammbaum der Hundeartigen gestellt wurden. Mittlerweile widerlegten Paläontologen diese Zuordnung aufgrund des für Bärenartige charakteristischen Baues der Gliedmaßen und des Schädels und gehen von einer eigenständigen Entwicklung der Bären aus, die schon früher einsetzte.

In der Folge entstanden mehrere Seitenlinien, von denen eine zu der Gattung *Ursavus* führte. Die Art *Ursavus elemensis*, die vor rund 20 Mio. Jahren in Europa verbreitet war, gilt als die Stammform aller heutigen Bären. Ihre Vertreter hatten ungefähr die Größe eines Fuchses. Braunbär, Eisbär und Kragenbär sowie der nordamerikanische Schwarzbär entstanden aus der Nachkommenschaft dieser Art.

Eine ursprüngliche Art der Gattung *Ursus*, der Etruskerbär *(Ursus etruscus)*, lebte vor 2–1,5 Mio. Jahren, im Altpleistozän. Er war ein Vorgänger des Höhlenbären *(Ursus spelaeus)*, eines großgewachsenen Zeitgenossens des Neandertalers, der zum Schutz vor der eiszeitlichen Kälte in Höhlen überwinterte. Aus noch unbekannten Gründen starb der Höhlenbär am Ende der Eiszeit, vor ca. 12000 Jahren, aus.

Der direkte Vorfahr des Eisbären, der Braunbär *(Ursus arctos)*, entwickelte sich in den Weiten des eurasischen Kontinentes und eroberte während der Eiszeit über die Landverbindung der Beringstraße Nordamerika. Erst vor 250000–100000 Jahren spaltete sich der Eisbär von dieser Art ab. In Anpassung an die äußerst unwirtliche, ja lebensfeindliche Umwelt in der Arktis spezialisierte sich sein Organismus. Die auffälligsten Besonderheiten sind die Farbe und die Beschaffenheit seines Felles. Der Eisbär beherrscht die Kunst, Robben zu jagen, und ernährt sich im Gegensatz zu seinem nächsten Verwandten, der Allesfresser ist, hauptsächlich von Fleisch. Doch noch sind die beiden Arten so nahe miteinander verwandt, daß sie sich in Gefangenschaft kreuzen lassen.

Heute steht der Eisbär, der an den arktischen Küsten und auf dem Packeis lebt, unter Naturschutz.

Ehrfurchtgebietend richtet sich der Eisbär vor seinem Artgenossen auf. Ein ausgewachsenes Tier kann mit dem imponierenden Gardemaß von 3 m aufwarten. Schnell entscheidet sich, ob aus der Begegnung ein ruppiges Spiel oder blutiger Ernst wird. Kämpfe mit tödlichem Ausgang und anschließender Kannibalismus sind bei Eisbären keine Ausnahme.

Einsamer Nomade mit einem Hang zur Kameradschaft

Der Eisbär, der größte Jäger der Arktis, ist in der Regel Einzelgänger. Ausnahmen bilden die Bärenmütter mit ihren Jungen, und manchmal ziehen Männchen paarweise über Land. Gelegentlich bilden sich jedoch größere Zweckgemeinschaften mit mehreren Dutzend Tieren. Sie versammeln sich beispielsweise an den Kadavern von gestrandeten Walen, auf bestimmten Wanderrouten oder rund um Wasserflächen, die aufgrund aufsteigender warmer Meeresströmungen nicht zufrieren und infolgedessen ein Tummelplatz für Robben, die bevorzugte Beute der weißen Räuber, sind. Bei solchen Anlässen legen die Eisbären eine für Einzelgänger erstaunliche Toleranz an den Tag.

Ständig unterwegs

Auf ihren Wanderungen legen die Eisbären weite Strecken zurück – bis zu 70 km pro Tag. Einige Tiere von Spitzbergen etwa, deren Routen Forscher mit Hilfe von Halsbandsendern verfolgten, marschierten in einem Jahr bis zu 3200 km. Im Lauf seines Lebens durchstreift ein Bär ein Gebiet, das ungefähr 75% der Fläche von Deutschland entspricht.

Stets auf der Suche nach Nahrung, wandern die Eisbären meist entlang den Rändern des Packeises, das sich im Sommer nach Norden zurückzieht, oder treiben mit den großen Eisschollen übers Meer. Manche Tiere jedoch bleiben während des kurzen Polarsommers, der nur 2 Monate währt, in den Küstengebieten, insbesondere an der kanadischen Hudsonbai. Gelegentlich dringen sie hier bis zu 150 km weit in die Taiga, die lichten Wälder des Nordens, vor.

Umgekehrt streben die Eisbären im Winter mit dem Eis gen Süden. Vor allem die trächtigen Bärinnen unternehmen schon im Herbst lange Wanderungen zu den traditionellen Überwinterungsplätzen, an denen sie ihre Jungen zur Welt bringen werden.

In der Höhle, die die Weibchen in den Schnee graben, leben sie nahezu 5 Monate lang, halten Winterruhe und ziehen ihre Jungen auf. Während dieser Zeit fasten die erwachsenen Tiere und zehren von ihren Fettreserven. Ihre Körpertemperatur sinkt jedoch, anders als bei echten Winterschläfern, kaum, und bei Störungen sind die Eisbären sofort hellwach.

Männchen und kinderlose Weibchen verbringen den Winter auf dem Eis und begeben sich höchstens bei extremen Wettereinbrüchen in den Schutz einer Höhle. Die jüngsten bzw. die ältesten Tiere unter den Eisbären ziehen sich für einige Tage oder Wochen – allerdings nie länger als 2 Monate – zur Winterruhe in Schneehöhlen zurück, die denen der Bärenmütter stark ähneln.

An den kanadischen Küsten der Hudsonbai und der Jamesbai nutzen die Eisbären auch im Sommer Höhlen, die ihnen als kühler Unterschlupf an besonders warmen Tagen dienen. Es handelt sich dabei um einfache Erdlöcher, die bis hinunter zu der ganzjährig gefrorenen Bodenschicht reichen.

Die Bärenhöhle – ein Iglu

An der windabgewandten Seite einer Schneewehe graben die Eisbären einen Tunnel, der in eine oder, bei Bärinnen, in zwei Kammern mündet. Diese liegen 2–3 m tief und sind ca. 2,5 m lang und 1 m hoch. Die Isolierung durch den Schnee und der Atem der Tiere sorgen dafür, daß die Temperatur in der Höhle über dem Gefrierpunkt liegt.

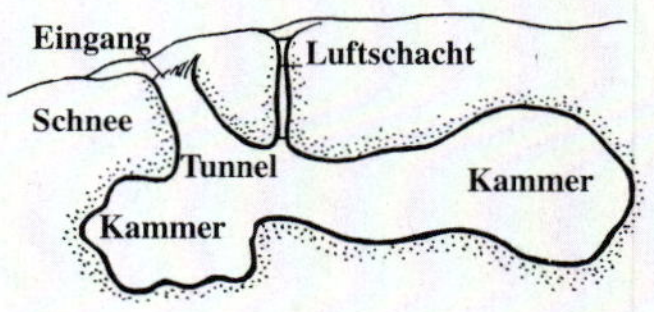

Obwohl Eisbären von Natur aus Einzelgänger sind, schließen sich einzelne Männchen manchmal für Wochen oder sogar Jahre einem Geschlechtsgenossen an. In dieser Zeit bleiben die beiden Tiere stets zusammen, wandern, jagen, spielen und fressen gemeinsam. Gelegentlich werden sie noch von einem dritten, halbwüchsigen Männchen begleitet. Warum die Bären solche Bündnisse eingehen, konnte von den Eisbärforschern bislang nicht geklärt werden.

Auf ihren ausgedehnten Wanderungen durch ihre arktische Heimat schlafen die Tiere, wo immer die Müdigkeit sie übermannt. Da die Riesen keine natürlichen Feinde haben, müssen sie keine Sicherheitsvorkehrungen treffen. Lediglich bei Temperaturstürzen oder starken Stürmen heben sie flache Gruben aus oder legen sich auf die windgeschützte Seite von Eisblöcken. Wenn die äußeren Bedingungen dazu einladen, kann man sie auch beim Sonnenbaden antreffen.

Die Robbenjagd

Im Winter halten sich Ringelrobben stets mehrere Atemlöcher in der ansonsten geschlossenen Eisdecke des Polarmeeres frei. Diese Stellen suchen die Eisbären auf und legen sich dort auf die Lauer. Sobald eine Robbe zum Luftholen auftaucht, springen die Bären herbei, töten sie mit ihren mächtigen Pranken und ziehen sie auf das Eis, wo sie sie verspeisen.

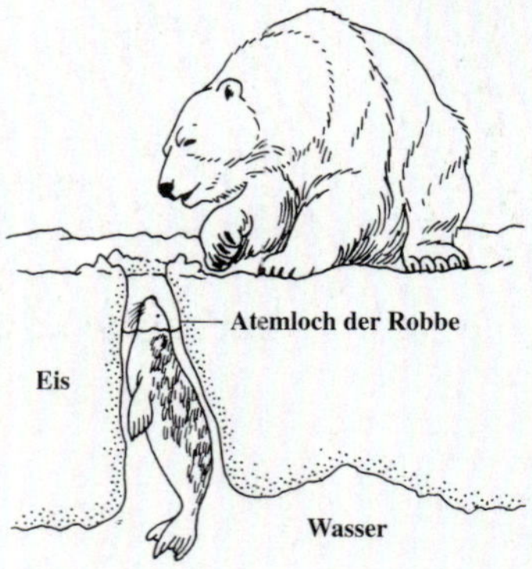

Am Ende des Winters, wenn die Robben ihren Nachwuchs gebären, brechen für die Eisbären fette Zeiten an. Sie erbeuten neugeborene Sattelrobben und Klappmützen direkt an den Wurfplätzen auf dem Eis. Ringelrobben dagegen ziehen ihre Jungen in Höhlen neben den Atemlöchern auf, die unter einer bis zu 1,5 m dicken Schneedecke liegen. Dennoch sind die Kleinen dort nicht sicher; selbst durch den Schnee wittern die Eisbären ihre Opfer. Mit einem mächtigen Satz bringen die Räuber die Kinderstube genau über dem Luftschacht zum Einstürzen und gelangen so an die Robbenbabys.

Im allgemeinen jagt ein Eisbär auf dem Eis, nur ungern stürzt er sich Kopf voran ins Wasser. Vorsichtig schleicht er sich an Robben an, die auf dem Eis ruhen, und versucht, sie zu überraschen. Tiere, die noch rechtzeitig ins Wasser entkommen, lohnen die Verfolgung nicht, da sie wesentlich bessere Schwimmer als ihre Jäger sind. Im Sommer, wenn die Robben unerreichbar bleiben, angelt der Eisbär statt dessen nach Fischen oder verlegt sich auf Wasservögel und deren Gelege.

Lieblingsspeise: Robben

Eisbären ernähren sich, anders als ihre weiter südlich lebenden Verwandten, fast ausschließlich von Fleisch, und zwar in erster Linie von Robben. Diese Tiere machen im Jahresdurchschnitt nahezu 90 % ihrer Beute aus. Vornehmlich jagen Eisbären Ringelrobben und Bartrobben; Sattelrobben sowie Klappmützen erlegen sie seltener.

Listenreiche Jäger

Vorsichtig schleichen die Eisbären an Robben, die auf dem Eis ruhen, heran. Ihre Tarnung ist vollkommen, da sie sich aufgrund ihrer Fellfarbe kaum von der Umgebung abheben und aufgetürmte Eisbrocken geschickt zur Deckung ausnutzen. Eine weitere Taktik besteht darin, daß die Bären ihre Opfer beim Luftholen an einem Atemloch im Eis (siehe Kasten) überraschen. Bei dieser Fangmethode lauern die Eisbären geduldig, wenn es sein muß sogar stundenlang, ihrer Beute auf. Trotz ihrer Gewandtheit und Ausdauer schlagen zahlreiche Angriffe auf die anvisierten Beutetiere fehl.

Der dänische Naturforscher Alwin Pedersen beschrieb noch eine dritte Strategie eines Bären, der von einer treibenden Eisscholle aus eine in 300 m Entfernung friedlich am Ufer schlummernde Robbe erspäht hatte. Leise und ohne auch nur den geringsten Wasserspritzer oder die kleinste Welle zu verursachen, glitt der Bär rückwärts ins Meer, tauchte einige Meter vor seinem Opfer unter und schnellte sich plötzlich neben der Robbe aus dem Wasser. Bevor diese reagieren konnte, hatte er sie bereits gepackt.

Wechselnde Freßgewohnheiten

Während die Tiere vom Frühjahr bis zum Herbst alle Teile ihrer Opfer verzehren, fressen sie im Winter in der Regel nur die Haut und die Speckschicht der Robben. Dies mag verschwenderisch erscheinen, doch die Eisbären haben gute Gründe dafür. Nähme der Eisbär in der klirrenden Kälte des Polarwinters Eiweiß zu sich, müßte er auch eine größere Menge Wasser trinken oder Schnee fressen, um die stickstoffhaltigen Abbauprodukte ausscheiden zu können.

Die verschmähten Reste der Eisbärenmahlzeit tragen zum Überleben kleinerer Fleischfresser bei, wie der Polarfüchse, die den Bären auf ihren Streifzügen häufig in respektvollem Abstand folgen.

Im Sommer, wenn sich das Packeis nach Norden zurückzieht, brechen für die Eisbären, die an den futterärmeren Küsten zurückbleiben, magere Zeiten an. Sie ernähren sich dann von Beeren, Wurzeln und Kräutern. Auch Fische, Wasservögel, Vogeleier, Lemminge oder Schneehasen stehen auf dem Speisezettel. In der Hudsonbai in Kanada besteht ihr sommerlicher Speiseplan z. B. zu 70 % aus Vögeln.

Manchmal greift der Eisbär auch aus dem Wasser heraus Robben an, die auf Eisschollen liegen. Dann taucht er die letzten Meter vor der Beute und schnellt sich mit einem mächtigen Satz aus dem Meer. Bei einer Mahlzeit kann ein Eisbär bis zu 25 kg Fleisch fressen, doch meist verzehrt er nur 6–10 kg. Um sein Gewicht zu halten, muß ein ausgewachsenes Tier alle 5–6 Tage eine Robbe reißen, aber im Notfall kann es mehrere Wochen von seinen Fettreserven zehren.

Bärenwalzer im Zeitlupentempo

Eisbären lassen sich gern auf eine Rauferei mit Artgenossen ein. In erster Linie messen junge Eisbären so ihre Kräfte und schulen bei diesen Rangeleien ihre Reaktionsfähigkeit. Diese Übungen sind eine ausgezeichnete Vorbereitung für ihr zukünftiges Leben als Jäger. Aber auch mit zunehmendem Alter verlieren die zottigen Gesellen den Spaß am spielerischen Wettstreit nicht: Sowohl ausgewachsene Bären, die vorübergehend zusammenleben, als auch Jungbären, die kurz vor dem Schritt in die Selbständigkeit stehen, kämpfen häufig miteinander.

Das Spiel beginnt, indem die Sparringspartner sich einander langsam und mit geschlossenem Maul nähern. Zuerst beschnüffeln und umkreisen sie sich. Ihre Bewegungen sind bedächtig, die Köpfe halten sie gesenkt, als fürchteten sie, daß ein Blickwechsel mit dem Partner von diesem als Drohung mißdeutet werden könnte. Bei ihrem Reigen beißen die Bären einander bisweilen auch leicht in das Nackenfell. Nach dieser eindeutigen Aufforderung zum Spiel recken sich die beiden Kombattanten zu ihrer vollen Größe empor und drehen sich mit tapsigen Schritten eng umschlungen auf dem Eis. Jetzt gilt es, den anderen in die Knie zu zwingen. Um das zu erreichen, legen die Tiere ihrem Gegenüber eine Vordertatze auf die Schulter und stützen sich mit ihrem ganzen Gewicht darauf, oder sie teilen wohlberechnete Tatzenschläge aus. Häufig verlieren beide das Gleichgewicht und stürzen um. Wenn ein Eisbär durch die Wucht eines Hiebes hinfällt und am Boden liegt, die mächtigen Pranken in die Luft gestreckt, wirft sich der andere mit weit aufgerissenem Maul auf ihn. Zwei weiße Muskelpakete von je einer halben Tonne Gewicht wälzen sich dann am Boden, stehen wieder auf und setzen ihre Rauferei fort. So können mehrere Runden absolviert werden. Schließlich lassen sie erhitzt und außer Atem voneinander ab und strecken sich flach auf dem Boden oder Eis aus, um abzukühlen und eine Weile zu ruhen. Allerdings spielen nur wohlgenährte Tiere in guter körperlicher Verfassung; in Zeiten des Mangels werden aus den Raufereien Auseinandersetzungen auf Leben und Tod, und nicht selten verspeist der Sieger nach solch einem tödlichen Reigen den Unterlegenen. Auch wenn Männchen auf die Spur eines empfängnisbereiten Weibchens geraten sind und sich dann ein Nebenbuhler einstellt, klären die Bewerber ihre Ansprüche im Kampf.

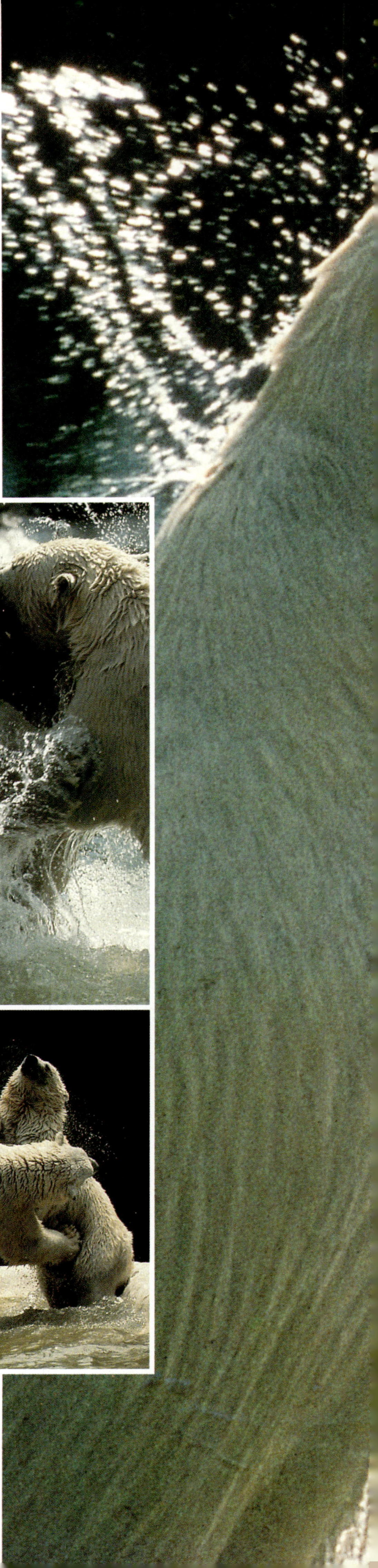

Am Rockzipfel der Mutter

Die meiste Zeit des Jahres ignorieren sich die beiden Geschlechter und gehen getrennte Wege. Nur während der Paarungszeit, die von April bis Juni währt, kommt es zu kurzen Begegnungen, wobei die männlichen Bären die brünstigen Weibchen anhand der Duftstoffe in ihren Urinmarken aufspüren. Dann finden auch blutige Auseinandersetzungen zwischen konkurrierenden Männchen statt. Eisbärinnen sind ungefähr 3 Wochen lang paarungsbereit. Die Tiere bilden keine festen Paare, und die Männchen können sich in einer Saison mit einem oder mehreren Weibchen fortpflanzen.

Bärenkinderstuben

Im September oder Oktober suchen die trächtigen Weibchen die Regionen auf dem Festland auf, wo sie selbst geboren wurden. An diese Wurfplätze, die „Bärenkinderstuben" genannt werden, kehren sie immer wieder zurück. Spätestens im November verkriechen sich die Tiere in einer Schneehöhle (siehe Seite 30). Auf der kanadischen Insel Southampton im Norden der Hudsonbai fanden Wissenschaftler in einem kleinen Areal die Winterquartiere mehrerer Familien, die jeweils 15–30 m auseinanderlagen.

In der Zeit von Ende November bis Ende Januar, nach einer Tragzeit von 7–9 Monaten, bringen die Eisbärinnen gewöhnlich Zwillinge zur Welt. Die spärlich behaarten Neugeborenen, die blind und taub sind, haben ein Geburtsgewicht von nur rund 600 g und sind ungefähr so groß wie Meerschweinchen. Im Alter von 4 Wochen öffnen die Babys ihre Augen, und mit 3 Monaten tragen sie bereits ein dichtes Fellkleid. Zu diesem Zeitpunkt wiegen sie dank der besonders nahrhaften Muttermilch schon 5–12 kg.

Der erste Familienausflug

Im März oder April gräbt die Bärenmutter einen Tunnel aus der eingeschneiten Höhle nach außen und erkundet zunächst die Umgebung in einem Umkreis von 50–100 m. Erst dann dürfen ihre noch tapsigen Jungen ans Tageslicht. Bei schönem Wetter ist dieser Ausflug für die Bärenkinder, die jetzt etwa so groß wie Foxterrier sind, ein richtiges Fest; sie tollen umher und veranstalten mit der Mutter Rutschpartien im Schnee. Dabei entfernt sich die Familie nie weiter als 1–2 km von der Höhle und flüchtet bei Gefahr sofort dorthin zurück.

Da die Bärin seit Monaten nichts mehr gefressen hat, macht sich die Schar schon bald auf den Weg zum Meer, zu den Robbenwurfplätzen. Mutter und Kinder bringen den Frühling und den Sommer damit zu, über das Eis zu wandern oder entlang der Küste nach geeigneten Plätzen zu suchen, an denen die Jungtiere unter der geduldigen Anleitung ihrer Mutter die Jagd erlernen. Erst im Herbst kehrt die Familie zurück und richtet sich eine neue Höhle zum Überwintern ein.

Obwohl die Jungen gegen Ende ihres zweiten Winters entwöhnt werden, verlassen sie ihre Mutter gewöhnlich erst im Alter von etwa 2,5 Jahren, wenn sie das notwendige Rüstzeug für das Überleben in ihrer unwirtlichen Umwelt erworben haben.

Die Weibchen werden zwar mit 3–4 Jahren geschlechtsreif, doch die Mehrzahl von ihnen wirft im Alter von 5–6 Jahren erstmals. Da die Jungenaufzucht lange dauert, wird eine Bärin nur alle 3–4 Jahre brünstig. Bei den Männchen stellt sich die Geschlechtsreife im Alter von 6–8 Jahren, manchmal auch erst mit 10 Jahren ein.

Verspielte Bärenkinder

Wenn die Familie die Höhle verläßt, beziehen die übermütigen Kleinen die Mutter in ihr ausgelassenes Treiben mit ein: Versteckspiele, ein erstes Kräftemessen oder Schlitterpartien einen Hang hinunter gewinnen durch die Beteiligung der Bärin einen zusätzlichen Reiz.

Eisbärjunge sind sehr vorsichtig und bleiben immer in der Nähe der Mutter. Unterwegs treten sie sogar in ihre Spuren.

Ungefähr sechsmal am Tag legt sich die Bärin auf den Rücken, um ihre 4 Monate alten Jungen zu säugen.

Solange der junge Eisbär noch klein ist, braucht er die aufmerksame Pflege seiner Mutter, die ihn beschnuppert, zärtlich leckt und dafür sorgt, daß sein Fell sauber bleibt.

▶ *Im Schutz der mächtigen Pranken der Eisbärmutter kann das Bärenkind beruhigt schlafen und neue Kräfte sammeln.*

Eisbär

Ursus maritimus

Zusammen mit dem Kamtschatka- und dem Kodiakbär, zwei nördlichen Unterarten des Braunbären, zählt der Eisbär zu den größten Landraubtieren. Seines langen Halses und seines kleinen Kopfes wegen wirkt er trotz des hohen Körpergewichtes und der immensen Kraft eleganter als die Braunbären. In Anpassung an das energiezehrende Leben in Eis und Schnee entwickelte der Eisbär eine Vielzahl besonderer Merkmale und Verhaltensweisen, zu denen auch die Spezialisierung auf Robben als hauptsächliche Nahrung zählt.

Sein Fell – weiß im Winter, gelblich im Sommer – stellt eine vorzügliche Tarnung für die Robbenjagd auf dem Eis dar und schützt das Tier so hervorragend vor Wärmeverlust, daß der Bär nicht einmal mit Infrarotgeräten aufgespürt werden kann.

Wenn sich der Eisbär ins Wasser begibt, werden nur seine langen Deck- oder Grannenhaare naß. Sie kleben zusammen und bilden eine Schutzschicht, die die weiche Unterwolle vor dem Naßwerden bewahrt. Beim Verlassen des Wassers haften die Haare noch aneinander und sind steif, aber sobald sich das Tier schüttelt, läuft das Wasser ab. Diese Eigenschaft trägt dazu bei, daß die Körpertemperatur des Eisbären konstant bleibt, selbst wenn er sich längere Zeit in Wasser mit einer Temperatur von –2 °C aufhält. Dennoch zieht das Tier im Winter einen Umweg über das Eis einer Abkürzung durch das Meer vor, da

	EISBÄR
Art:	*Ursus maritimus*
Familie:	Großbären
Ordnung:	Raubtiere
Klasse:	Säugetiere
Merkmale:	Fell weiß bis gelblichweiß; Augen, Nasenspiegel und Krallen schwarz. Schmaler Kopf; kleine, runde Ohren; kurzer Schwanz
Maße:	Kopf-Rumpf-Länge 1,8–2,5 m, Schwanzlänge 7,5–13 cm; Schulterhöhe 1–1,6 m
Gewicht:	Männchen durchschnittlich 400 kg, maximal bis 1000 kg; Weibchen durchschnittlich 300 kg
Verbreitung:	Nordpolargebiet, vor allem nördlich des Polarkreises in Alaska, Kanada, Grönland, Spitzbergen und Sibirien
Nahrung:	In erster Linie Robben; gelegentlich auch Vögel, kleine Säuger und Pflanzen
Sozialstruktur:	Einzelgänger; Jungtiere bleiben bis zu 3 Jahre bei der Mutter
Geschlechtsreife:	Weibchen mit 3–4 Jahren, Männchen mit 6–8 Jahren, manchmal auch erst mit 10 Jahren
Fortpflanzung:	Von April bis Juni
Tragzeit:	200–265 Tage
Anzahl der Jungen pro Geburt:	2, selten 1 oder 3
Geburtsgewicht:	500–700 g
Lebensdauer:	Durchschnittlich 20–25 Jahre, höchstes bekanntes Alter 34 Jahre
Bestand:	Schätzungsweise 15 000–40 000 Tiere; leicht steigend
Bedrohung und Schutz:	Durch internationale Verträge geschützt, Jagd beschränkt erlaubt

die Tropfen in seinem Fell bei Verlassen des Wassers sofort gefrieren würden.

Mit lässiger Eleganz läuft der Eisbär über Land, wobei er die Beine mit hängenden Tatzen nach vorne schlenkert und die Füße erst kurz über dem Boden ausrichtet, um sie dann mit ganzer Sohle aufzusetzen. Seine Vorder- und Hinterfüße sind mit kurzen, dicken und vor allem messerscharfen Krallen bewehrt, mit deren Hilfe er selbst die steilsten Eisklippen erklimmen kann. Meist bewegt er sich mit einer Durchschnittsgeschwindigkeit von 4 km/h. Sobald sich der Eisbär bedroht fühlt oder ein Beutetier verfolgt, kann er Geschwindigkeiten von bis zu 40 km/h erreichen. Allerdings erlahmt er dabei schnell und legt häufig Pausen ein.

Der Eisbär ist ein vorzüglicher Schwimmer und zögert nicht, kilometerbreite Wasserarme zwischen Eisschollen zu überqueren. Einzelne Exemplare wurden schon viele Kilometer von der nächsten Küste oder Eisscholle entfernt im Meer gesichtet. Mit angelegten Ohren und geschlossenen Nasenlöchern schwimmt der Bär auch kurze Strecken unter Wasser, taucht aber selten mehr als 1–2 m tief und hält seine Augen dabei stets geöffnet.

Sein Gesichts- und sein Gehörsinn sind den entsprechenden Sinnen beim Menschen zumindest ebenbürtig. Eine Membran vor den Augen, die wie eine Gletscherbrille wirkt, schützt die Sehzellen vor der gleißenden Helligkeit des Schnees.

Der Geruchssinn ist fein entwickelt und dem des Menschen weit überlegen. Ein Eisbär kann eine Robbe auf mehrere Kilometer Entfernung wittern.

Besondere Merkmale

Pfoten

Der Eisbär ist wie der Mensch ein Sohlengänger: Er setzt bei der Fortbewegung die gesamte Fußsohle auf. Dies verleiht ihm festen Stand, führt aber auch zu einem größeren Kontakt mit dem eiskalten Untergrund. Deshalb ist die Unterseite seiner Pfoten zwischen den Sohlen- und Zehenballen dicht mit kurzen, borstigen Haaren bedeckt, die gegen Kälte isolieren und gleichzeitig durch ihre Bremswirkung verhindern, daß das massige Tier auf dem Eis ins Rutschen gerät. Die Zehen tragen kräftige, nicht einziehbare Krallen. Solchermaßen bewehrt, leisten dem Eisbär seine Pfoten beim Robbenfang und beim Klettern an Hängen gute Dienste. Kurze Schwimmhäute, die bis zur Mitte der Zehen reichen, komplettieren die Allroundausstattung der Eisbärpfoten und erlauben es dem Tier, sich auf Schnee und Eis sowie im Wasser fortzubewegen.

Kopf

Im Verhältnis zum Körper recht klein und im Vergleich zu anderen Bärenarten schmal, länglich und deutlich abgeflacht; dadurch erscheint er langgestreckt. Die Schädellänge eines ausgewachsenen Tieres schwankt zwischen 37 und 41 cm, je nachdem, ob es sich um ein Exemplar aus dem Osten Grönlands oder um eines von der Tschuktschensee in Sibirien handelt.

Wärmeisolierung

Die Fähigkeit des Eisbären, Kälte unbeschadet zu überstehen, beruht auf verschiedenen anatomischen Besonderheiten. Unter der schwarzen Haut liegt eine 5–10 cm dicke Fettschicht, die den Wärmeverlust reduziert, da Fett die Wärme schlechter leitet als Wasser. Daneben umgibt den Bären eine zweite Isolierschicht aus Luft, die von den dichten, kurzen Wollhaaren eingeschlossen wird. Schließlich sammeln die farblosen, hohlen Haare wie Glasfasern energiereiches UV-Licht und leiten es zum Körper, wo es die dunkle Haut absorbiert. Dieses Phänomen wurde bisher nur beim Eisbär beobachtet.

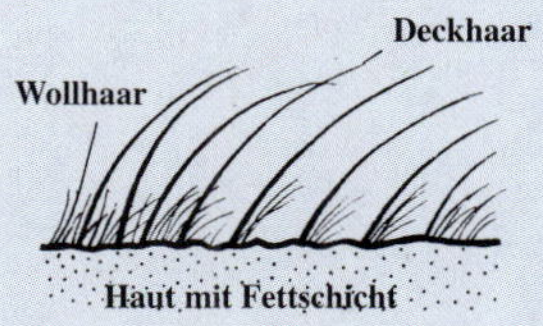

Eisbären in ihrem Lebensraum

Während Braunbären im wesentlichen ausgedehnte Waldlandschaften bewohnen und sich im Winter in Höhlen zurückziehen, sind die Eisbären in Schnee, Eis und Kälte zu Hause.

Eisige Welten

In den Polargebieten finden sich unterschiedliche Ausbildungen von Eis. Rings um den Nordpol liegt eine mehr oder weniger geschlossene Eisdecke, die sich ganzjährig über einen Großteil des Nordpolarmeeres erstreckt und selbst während der Sommermonate nicht abschmilzt. Sie hat einen Durchmesser von 400–500 km. Je nach Wind und Meeresströmungen brechen die Eisschichten, schieben sich über- und untereinander, werden aufeinandergepreßt und frieren erneut zusammen. Deshalb schwankt die Dicke der Eisdecke zwischen 3–4 m und 50–60 m.

Die Polkappe ist von einem Gürtel aus Packeis umgeben, der seine größte Ausdehnung im Winter erreicht. Gezeiten und Stürme sowie der ständige Wechsel von Ausdehnungs- und Schrumpfungsprozessen, denen das Eis unterliegt, verleihen der Packeisdecke ihr typisches zackiges Aussehen. Sie ist an vielen Stellen gebrochen und deshalb von zahlreichen eisfreien Wasserkanälen durchzogen, deren Verlauf sich ständig ändert. Im Winter schiebt sich das Packeis bis an die Küsten der Inseln und des Festlandes heran und verbindet diese mit dem Eis der Polkappe, so daß ein Ozean aus gefrorenem Wasser entsteht. Im Sommer schmilzt das Packeis erheblich, verschwindet an manchen Stellen sogar ganz und läßt entlang den Festlandsküsten eine offene Wasserrinne entstehen.

Das winterliche Küsteneis bildet sich im Herbst noch vor dem Packeis, weil die Gewässer an der Küste, insbesondere im Bereich von den Flußmündungen, salzärmer sind als das Wasser auf hoher See. Durch diese geringere Salzkonzentration frieren sie leichter zu.

Aufgrund der zahlreichen offenen Wasserrinnen und -flächen, die zwischen den auseinanderdriftenden, gegeneinanderstoßenden und sich übereinanderschiebenden Eisschollen entstehen, bietet das Packeis den Robben, und folglich auch den Eisbären, die günstigsten Lebensbedingungen. Nur ausnahmsweise wagen sich Eisbären bis in die Höhe des 88. nördlichen Breitengrades in das ewige Eis vor, denn dort finden sie kaum noch Beutetiere.

Das Verhalten der Eisbären während der verschiedenen Jahreszeiten steht in enger Beziehung zu den Veränderungen des Packeises. Mit Ausnahme der trächtigen bzw. jungenführenden Bärinnen, die auf dem Festland ihre Winterruhe halten, überwintern die meisten Eisbären auf dem Packeis.

Wenn ein Teil des Packeises während des kurzen Polarsommers schmilzt, ziehen sich die Eisbären auf die noch verbleibenden Packeisfelder zurück oder suchen die Küsten der Inseln und des Festlandes auf. Zu dieser Jahreszeit halten sie sich im südlichsten Teil ihres Verbreitungsgebietes auf. Auch wenn sie gezwungen sind, an Land zu gehen, entfernen sie sich nie allzuweit von den Küsten.

Gegen Ende des Sommers streben die Eisbären, die sich auf dem Festland aufgehalten haben, zielsicher zu den Gebieten, in denen das Wasser zuerst zufriert. Ein berühmter Sammelplatz dieser Raubtiere

Eisbären durchstreifen das arktische Packeis in weiten Räumen, wobei sie die nahrungsarme Zone um den Nordpol kaum aufsuchen. Nahezu alle Tiere halten sich nördlich des Polarkreises auf; sie sind hauptsächlich im nördlichen Mittelsibirien, zwischen Ostsibirien und Nordalaska, im Osten Spitzbergens und im Nordwesten Grönlands verbreitet. Nur eine größere Population lebt ständig weiter südlich, an der Hudsonbai. Etwa 20 Wurfplätze sind auf dem Festland bekannt. Die bedeutendsten liegen an der Nordküste Alaskas, im Südwesten der Hudsonbai in Kanada, auf Grönland, auf Franz-Joseph-Land, auf der nordöstlichen Insel von Spitzbergen und auf der Wrangelinsel. Die meisten dieser Gebiete stehen heute unter Naturschutz.

liegt unweit der kanadischen Stadt Churchill in der Hudsonbai (siehe Seite 42).

Die arktische Nahrungskette

Dank ihrer Anpassungen im Verhalten und im Körperbau zählen Eisbären zu den ganz wenigen Säugerarten, die ganzjährig im Polargebiet leben können. Obwohl das Nahrungsangebot auf dem Eis eigentlich nicht ausreicht, um das Überleben eines so großen Raubtieres sicherzustellen, ist es dieser Art gelungen, den unwirtlichen Lebensraum zu erobern.

Die arktische Nahrungskette beginnt beim Meeresplankton, das sich überwiegend aus Algen zusammensetzt, die im Wasser schweben bzw. an der Unterseite des Eises wachsen. Von diesem Phytoplankton ernähren sich kleine und kleinste tierische Organismen. Der bedeutendste ist eine ungefähr 6 cm lange Leuchtgarnele, die auch als „Krill" bezeichnet wird und riesige Schwärme bildet. Dieses Krebstier schwebt in den eisigen Gewässern der Arktis und Antarktis und dient den Bartenwalen und zahlreichen Fischen als Nahrung. Die Fische wiederum sind die Hauptbeutetiere der Robben und der Seevögel. Am Ende der Nahrungskette stehen die Eisbären, die die Robben und verschiedene andere Tiere fressen.

Bei Bedarf eine Mütze voll Schlaf

Noch längst nicht alle Verhaltensweisen der Eisbären sind erforscht; im Gegenteil, die Arktisforscher stehen bei diesem Bewohner des hohen Nordens noch vor einigen ungelösten Rätseln.

Erst vor kurzem entdeckten Zoologen eine weitere, bislang nicht bekannte Besonderheit, die den Eisbären das Überleben in der grimmigen Kälte der Polargebiete ermöglicht. Der Wissenschaftler Ralph Nelson stellte fest, daß Eisbären, die sich nicht zum Überwintern in eine Höhle zurückgezogen haben, in eine Art Schlafzustand verfallen können, während sie durch den Schnee trotten. Nach Meinung dieses Forschers besitzen die Tiere die Fähigkeit, willentlich vom Zustand der Aktivität zur Lethargie zu wechseln und umgekehrt. Dadurch können sie ohne Probleme die lebensfeindlichen Kälteperioden überstehen.

Unbekannte Bestandsgröße

In den 60er Jahren wurde der weltweite Eisbärenbestand auf nur noch 10000 Tiere geschätzt. Dank der Schutzmaßnahmen, die daraufhin ergriffen wurden, stiegen die Zahlen einigen Forschern zufolge wieder auf 20000 Bären; andere gehen sogar davon aus, daß es heute bis zu 40000 Tiere gibt. Die Ungenauigkeit dieser Schätzungen läßt erkennen, wie schwierig es ist, die Bestände einer Tierart, die in so schwer zugänglichen Regionen der Erde beheimatet ist, zuverlässig zu registrieren. Eines ist jedoch sicher: Die Eisbärenpopulationen werden langsam wieder größer.

Wenn während des kurzen arktischen Sommers das Packeis schmilzt, gestaltet sich der Beutefang schwieriger, und die Eisbären treiben mit den großen Eisschollen übers offene Meer oder suchen festes Land auf wie beispielsweise die Bäreninsel im Süden von Spitzbergen. Hier verbringen die Tiere dann die warmen Monate des Jahres. In dieser Zeit verlieren die zottigen Gesellen aufgrund ihrer fettarmen Nahrung, die aus Vögeln, Fischen, Pflanzen und deren Beeren besteht, langsam an Gewicht. Im Unterschied zu den meisten anderen Tierarten, die im Herbst die Arktis verlassen, warten die Eisbären ungeduldig auf den Einbruch des Winters, der sie in ihre ergiebigen Jagdgründe in den Norden zurückkehren läßt.

König der Arktis – Vorbild und Herausforderung

Die weißen Herrscher des Eises verfügen über ihr Gebiet nicht völlig allein, sondern müssen diesen Lebensraum und ihre Jagdgründe seit etwa 10000 Jahren mit Menschen teilen. Lange Zeit waren die Eisbären nur mit den wenigen Naturvölkern konfrontiert, denen es gelungen war, sich gleich den von ihnen genutzten Tieren diesem Lebensraum anzupassen. Amerikanische und grönländische Inuit, Tschuktschen und andere nordsibirische Völker lebten jedoch in Einklang mit der Natur, erlegten nur wenige Tiere und lernten nicht zuletzt von den Jagdtechniken der großen Raubtiere. Den Inuit dienten die Eisbären wahrscheinlich als Vorbild bei der Robbenjagd: Sie lauern wie die Eisbären den Robben an deren Atemlöchern im Eis auf.

Der große Nanuk

Die bedeutende Rolle, die der Eisbär in der Kultur der Inuit spielt, spiegelt sich in ihren Mythen wider. Nanuk, der Eisbär, ist in den Augen der Inuit ein beseelter Verwandter der Menschen, der übernatürliche Kräfte besitzt und ehrfürchtig behandelt wird. In der Mythologie dieses Volkes ist sogar eine Eheschließung zwischen Mensch und Eisbär nichts Außergewöhnliches.

Ganz selbstverständlich wird der Eisbär mit dem Nachtgestirn, dem Mond, in Verbindung gebracht. Der „Mondmann“, bei den Inuit der Schutzpatron der Jäger, saust in einem von weißen Bären gezogenen Schlitten über das Eis.

In der Überlieferung der Inuit ist der Nanuk genannte Bär ein Symbol für Macht und Stärke. Waisenkindern und vom Pech verfolgten Jägern raten die Inuit, „bei Nanuk in die Lehre zu gehen“.

Die traditionelle Medizin der Inuit schreibt dem Eisbären heilende Kräfte zu; weibliche Unfruchtbarkeit z. B. behandeln die Schamanen, indem sie die betreffende Frau einen Eisbärenpenis verzehren lassen.

Besondere Initiationsriten für die Jagd

Nach der Inuit-Tradition begleitet eine festliche Zeremonie das Erlegen der ersten Jagdbeute, und selbstverständlich spielt der Gehilfe des Mondmannes, der Eisbär, dabei die wichtigste Rolle.

Die Familie des erfolgreichen jungen Jägers veranstaltet ein Fest, bei dem getanzt und gesungen wird. Im Verlauf der Feierlichkeiten spielt der Held des Tages, mit einem Gewehr in der Hand vor einem Eisbärenschädel stehend, seine mutige Tat noch einmal nach. Seine Mutter oder seine Frau begleitet ihn, denn ihre Anwesenheit beschwört die Ahnenbande zu den Bären herauf. Erst nach dieser symbolischen Initiation ist das neue Mitglied dazu auserwählt, in die große Familie der Jäger aufgenommen zu werden.

200 Jahre Verfolgung

Die Beziehungen zwischen den Menschen und den Eisbären waren von alters her sehr gespannt, da beide an der Spitze der Nahrungspyramide stehen. Doch die Inuit und die nordamerikanischen Indianer, die die Eisbärenjagd seit je praktizierten, erlegten nur wenige Tiere und gefährdeten die Gesamtpopulation zu keiner Zeit.

Dies änderte sich jedoch ab dem 17. Jh., als vor allem Europäer in den arktischen Gewässern auf Fischfang bzw. insbesondere auf Walfang gingen. Zwei Jahrhunderte lang jagten sie auf Spitzbergen, Nowaja Semlja, im Beringmeer, auf Baffinland, in der Hudsonbai und wohl auch in den übrigen Gebieten der Arktis außerdem Eisbären. Der Rückgang des Walfanges und der walverarbeitenden Industrie in der zweiten Hälfte des 19. Jh. führte sogar noch zu einer Intensivierung der Eisbären- und Robbenjagd.

Der unfaire Kampf der Sportjäger

Im Lauf des 20. Jh. entwickelte sich die Trophäenjagd, bei der zunehmend zielgenauere Waffen und hochmoderne, motorisierte Transportmittel wie Flugzeuge benutzt wurden. Auf diese Weise drangen

Eisbären werden noch heute nach Altvätersitte von den Inuit gejagt, die Fett und Fleisch der erlegten Tiere verzehren und aus dem Fell und den Sehnen warme Kleidungsstücke fertigen. Lange Zeit wurde die Art jedoch von skrupellosen Pelztierjägern allein ihres Felles wegen verfolgt und abgeschlachtet. Erst seit die Bären ganzjährig unter Naturschutz stehen, nimmt ihre Zahl langsam wieder zu.

die Sportjäger selbst in die unwirtlichsten Gegenden vor.

Vor allem in Alaska erfreute sich die Eisbärenjagd sehr großer Beliebtheit; hier wurde sie in der Regel – angeblich aus Sicherheitsgründen – mit zwei Flugzeugen praktiziert. Tatsächlich aber war diese Jagdmethode dazu gedacht, den Eisbären leichter in die Enge zu treiben. Sobald ein Bär gesichtet wurde, landete eines der Flugzeuge auf dem Eis, um einen ortskundigen Inuit-Führer und den eigentlichen Jäger abzusetzen; das andere blieb in der Luft, um das Tier besser treiben zu können.

Die Dezimierung der Eisbären durch diesen mörderischen „Sport" wurde zu keiner Zeit zahlenmäßig erfaßt. Eine Vorstellung von seiner verheerenden Wirkung auf die Bestände der Eisbären vermittelt jedoch die Betrachtung der Jagdstatistiken. In zwei Jagdgebieten, in Grönland und in der Barentssee, töteten Jäger im Lauf des Jahres 1925 725 Bären, zu Beginn der 30er Jahre konnten sie nur noch die Hälfte erlegen, und 1962 fanden sie lediglich 40 Tiere, die sie schießen konnten.

Nicht gegen, sondern für die weißen Bären

Angesichts dieser dramatischen Entwicklung forderte bereits im Jahr 1955 die Internationale Union für Naturschutz (IUCN), daß alle an das Nordpolarmeer grenzenden Staaten Maßnahmen zum Schutz der Eisbären ergreifen sollten. Im darauffolgenden Jahr verabschiedete das damalige sowjetische Parlament ein Abschußverbot für Eisbären in allen arktischen Gebieten der einstigen Sowjetunion. Außerdem untersagten die Behörden den Fang junger Bären für zoologische Gärten ohne Sondergenehmigung. Und im Jahr 1960 wurde schließlich die ostsibirische Wrangelinsel, eine der bedeutendsten „Bärenkinderstuben" in der damaligen Sowjetunion, in ein Reservat umgewandelt.

Zur selben Zeit erließ Norwegen Beschränkungen für den Fang von Jungbären und für die Jagd auf ausgewachsene Bären auf Spitzbergen, und Dänemark untersagte auf Grönland die Eisbärenjagd in der Zeit vom 1. Juni bis zum 31. Oktober. In Kanada wurden Maßnahmen eingeleitet, die die Abschaffung der Eisbärenjagd als Sport in dem Gebiet zwischen Quebec und den Northwest Territories zum Ziel hatten. Allein die Inuit und die nordamerikanischen Indianer sind von dem Verbot ausgenommen, ebenso wie einige wenige Jäger mit Sondergenehmigungen.

Der lange Weg zum Erfolg

Doch nicht nur auf nationaler Ebene wurden Anstrengungen zum Schutz der Art unternommen. Bei der ersten internationalen Konferenz zur Erhaltung der Eisbären, die im September 1965 an der Universität von Fairbanks in Alaska stattfand, entwickelten die beteiligten Länder ein Programm für eine effektivere Zusammenarbeit.

Damals wurden von den 1300 alljährlich getöteten Eisbären allein 300 in Alaska erlegt. Die einstige Sowjetunion forderte seinerzeit ein weltweites, auf 5 Jahre angelegtes Moratorium für die Eisbärenjagd. Das einzige Ergebnis war jedoch schließlich ein Schutzprogramm für Weibchen mit Jungtieren und eine Übereinkunft, nach der sowohl Eisbärenmännchen als auch -weibchen als „natürlicher Schatz der Arktis" einzustufen sind, für dessen Schutz die betroffenen „Eisbärenstaaten" verantwortlich sein sollten.

Im Januar 1968 wurde auf Betreiben der IUCN eine internationale Arbeitsgruppe, die sich mit dem Schutz der Eisbären zu befassen hatte, ins Leben gerufen. Die Eisbärenjagd kam dennoch nicht zum Erliegen: 1968 sowie 1969 schossen Jäger weltweit noch mehr als 1500 Tiere.

Im Washingtoner Artenschutzübereinkommen von 1975 wurde der Export von Eisbären und Eisbärfellen geregelt. Die Regierungen der 50 Unterzeichnerstaaten ver-

Diese beiden Bärenkinder wurden wie ihre Mutter an der Hudsonbai in Kanada von Wissenschaftlern betäubt, damit sie untersucht und markiert werden können. Zahlreiche andere Länder haben ebenfalls Eisbären-Forschungsprogramme eingeleitet, denen die Erholung der Bestände dieser Art zu verdanken ist.

pflichteten sich, ein genaues Register dieser Exporte zu führen. Im Jahr darauf trat ein internationaler Vertrag in Kraft, der weitreichendere Maßnahmen vorsah: er erlaubte nur noch die traditionelle Eisbärenjagd und beschränkte diese wiederum auf bestimmte Gebiete. Der Vertragstext ruft alle Staaten dazu auf, das ökologische System, zu dem der Eisbär gehört, zu erhalten, und besteht nachdrücklich auf dem Schutz von Wurfplätzen, Jagdgründen und Wanderrouten. Die Vorschläge im Anhang betreffen die Errichtung internationaler Normen für die Markierung, den Schutz der Weibchen und der Jungen sowie der Winterhöhlen.

Schließlich schlossen sogar die in Alaska und die im Norden Kanadas ansässigen Inuit einen Vertrag, in dem sie die Eisbärenjagd durch einen gemeinsamen Jagdplan regelten. In Kanada dürfen ausländische Sportjäger sich allerdings nach wie vor in die Jagdrechte der Inuit „einkaufen", indem sie ca. 15000 kanadische Dollar für eine 12-Tages-Jagd bezahlen.

Mehr und mehr Inuit gehen mittlerweile dazu über, ihr Geld mit Touristen, die lieber Fotos als Eisbären schießen, zu verdienen. An einem toten Bären können sie schließlich nur ein einziges Mal verdienen; ein lebender Bär, der jedes Jahr wieder in die Region kommt und vielleicht sogar Junge führt, bringt mehrmals Geld in die Kasse.

Schleichendes Verhängnis

Die internationale Zusammenarbeit hat dazu beigetragen, den Schutz dieser Tierart zu verbessern, so daß ihr Bestand derzeit sogar etwas steigt. Aber die zunehmende wirtschaftliche Nutzung der Polargebiete – durch Abbau von Bodenschätzen in Bergwerken, Ölbohrungen, Militärbasen und meteorologische Meßstationen – birgt neue Gefahren. Fachleute verzeichnen bereits heute eine starke Verschmutzung des gesamten Ökosystems, die durch den Einsatz von Pestiziden und die Anreicherung mit Schwermetallen entstanden ist. Im Fettgewebe von Eisbären sind besorgniserregend hohe Konzentrationen von Pestiziden wie DDT oder den berüchtigten polychlorierten Biphenylen (PCB) nachzuweisen. Die Langzeitwirkungen dieser Gifte sind noch unbekannt. Um den Fortbestand der Eisbären zu sichern, ist es unbedingt erforderlich, die Umweltverschmutzung zu bekämpfen und die Eisbärenreservate weiter auszudehnen.

Churchill, das Mekka der Eisbären

Ein bedeutender Wurfplatz der Eisbären wurde im Jahr 1969 im Südwesten der Hudsonbai in Kanada entdeckt. Er liegt nur 60 km von der Kleinstadt Churchill entfernt. Auch entlang der gesamten Südküste der Hudsonbai bringen Eisbären ihre Jungen zur Welt.

Während im Herbst die trächtigen Weibchen ihre Wurflager aufsuchen, versammeln sich bis Mitte Oktober alle übrigen Eisbären, die nahe den Küsten den Sommer verbracht haben, und warten auf das Zufrieren der Hudsonbai. Am östlich der Stadt Churchill gelegenen gleichnamigen Kap wurden in dieser Jahreszeit schon 250–300 Bären gezählt. Weitere Tiere sammeln sich gleichzeitig an dem Küstenabschnitt im Süden der Bucht, der sich vom Fluß Nelson bis zur Jamesbai erstreckt. Der derzeitige Eisbärenbestand in diesem Gebiet beläuft sich auf 1000–1500 Tiere.

Für Touristen sind diese Bären eine der größten Attraktionen der Arktis, und Churchill, das kleine Hafenstädtchen mit etwa 800 Einwohnern, erlebt jedes Jahr nicht nur die Invasion der Bären, sondern in meist weit größerer Zahl die der Schaulustigen. Hunderte von Besuchern finden sich jedes Jahr in der Zeit von Ende September bis Mitte November dort ein, um sich die spektakuläre Eisbärenversammlung nicht entgehen zu lassen.

Allerdings ist das Beobachten dieser mächtigen Raubtiere keineswegs ein harmloses Vergnügen, sondern bedarf umfangreicher Vorkehrungen duch die ortsansässigen Sicherheitskräfte: Abschreckungssysteme für Bären werden installiert, Gefahrenzonen deutlich markiert, und die Polizei hat rund um die Uhr Bereitschaftsdienst.

In der Regel meiden die Eisbären die Nähe von Menschen. Manchmal kommt es jedoch auch vor, daß ausgehungerte Eisbären die Vorratslager plündern, die die Inuit in der Tundra anlegen, oder daß sie Mülltonnen in der Nähe menschlicher Ansiedlungen durchwühlen.

Unerwartete Begegnungen mit Eisbären können schlimm ausgehen, vor allem, wenn es sich um ausgehungerte oder verletzte Tiere bzw. um Jungtiere in Begleitung ihrer Mutter handelt. Wanderer sind ganz besonders gefährdet. Obgleich sie dazu angehalten werden, ein Gewehr bei sich zu tragen, wenn sie sich in die betreffenden Gebiete wagen, kommt alle paar Jahre ein Mensch durch den Angriff eines Eisbären ums Leben.

Alljährlich im Herbst wird das kanadische Küstenstädtchen Churchill von 50–100 Eisbären heimgesucht, die sich vor allem für die Mülldeponie interessieren. Mit Hilfe von Leuchtraketen und Knallkörpern halten die Einwohner die Tiere von einem Stadtbummel ab. Exemplare, die sich dennoch zu nahe an die Ortschaft heranwagen, werden eingefangen, markiert und nach dem Zufrieren der Hudsonbai in etlichen Kilometern Entfernung, fernab von menschlichen Ansiedlungen, wieder freigelassen. Nur im äußersten Notfall entschließen sich die örtlichen Behörden, einen Eisbären zu töten.

RENTIERE

Die „Wanderer der Arktis" ziehen mit dem vorrückenden Sommer nach Norden und verlassen ihn pünktlich vor dem Winter wieder. Bis zu 1600 km legen die vielköpfigen Herden zweimal im Jahr zurück, und weder hohe Gebirgszüge noch reißende Schmelzwasserfluten stellen für die Rentiere unüberwindliche Hindernisse dar. Nur wenige andere Landsäugetiere erbringen solch stolze Leistungen.

Zu den Rentieren gehören die eurasischen Rene und die Karibus von Nordamerika, die sich nur wenig unterscheiden. Sie sind Vertreter der Trughirsche, einer Unterfamilie der Hirsche, von der außer den Renen nur die Rehe und die Elche in Eurasien leben.

Die ersten Hirscharten ähnelten wahrscheinlich eher den Muntjaks, die lange Eckzähne und ein kleines Geweih besitzen, als den heutigen großen Hirschen mit ihrem mächtigen Kopfschmuck. Vor etwa 5 Mio. Jahren, am Beginn des Pliozäns, breiteten sich diese ursprünglichen Formen von Asien über die Beringbrücke nach Nordamerika aus, durchquerten den Kontinent und gelangten schließlich vor ca. 3 Mio. Jahren nach Südamerika.

Vermutlich stammen die Rentiere von der Art *Morenelaphus brachyceros* ab, deren Fossilien in Patagonien gefunden wurden. Das Geweih dieser Art ähnelt dem der heutigen Rentiere bereits auffallend. Im Lauf der Jahrtausende erweiterten diese Hirsche ihr Verbreitungsgebiet, das ursprünglich im südlichen Teil Südamerikas lag, nach Norden, und schließlich entwickelte sich aus ihnen die Gattung *Rangifer*, deren Herkunft 2 Mio. Jahre zurückverfolgt werden kann. Ursprünglich lebten diese Tiere in Waldgebieten, aber sie paßten sich auch an die karge, weitgehend baumlose Tundra an.

Während der Eiszeiten fiel die Beringstraße teilweise trocken und eröffnete den Rentieren den Weg nach Asien. In dieser Region entstand das heutige Rentier *(Rangifer tarandus)*, das nach Osten und Westen vordrang und das Nordpolargebiet bevölkerte, zusammen mit Mammut und Wollnashorn. Auf dem Rückzug vor den Gletschermassen der Kaltzeiten, die große Teile der Nordhalbkugel bedeckten, breiteten sich die Hirsche weiter nach Süden aus. So lebten vor etwa 18 000 Jahren riesige Renherden in Frankreich und Spanien; die frühen Menschen stellten sie beispielsweise auf Höhlenmalereien in Lascaux und Altamira dar.

In der Alten und der Neuen Welt hat das Rentier völlig verschiedene Entwicklungen durchlaufen. Nach Jahrtausenden der Bejagung züchteten die eurasischen Völker des Nordens aus dem widerstandsfähigen Wildren das Hausren; das nordamerikanische Karibu wurde dagegen nicht domestiziert.

Wenn die Tundra ihr buntes Herbstkleid anlegt, werden die männlichen Rentiere zu erbitterten Konkurrenten um die brünstigen Weibchen. Sie bauen sich imponierend vor ihren Rivalen auf, führen Scheinangriffe in Richtung des Gegners und bekämpfen einander mit ihren ausladenden Geweihen.

Flechten und Moose zu jeder Jahreszeit

Das ganze Jahr über leben und wandern die Rentiere in Herden, deren Größe und Zusammensetzung allerdings stark schwanken. Im Winter, wenn Nahrung knapp ist, zerstreuen sich die Herden in kleinere Trupps. So stellte der nordamerikanische Biologe F. Miller, der eine Karibuherde im Norden Kanadas beobachtete, fest, daß im Winter 4–30 miteinander verwandte Tiere zusammenleben. Angeführt wird der Verband von einem männlichen oder weiblichen Leittier.

In der kalten Jahreszeit ziehen die Rene in Gruppen umher, die sich drei Typen zuordnen lassen: geschlechtsreife Männchen, Kühe mit ihren Kälbern und selbständige Jungtiere im Alter von 1–3 Jahren, deren Trupps teilweise nach Geschlechtern getrennt sind. Im Sommer schließen sich diese Verbände zu großen gemischten Herden zusammen, die später auch gemeinsam die Wanderung zu den Winterweiden antreten.

Karibus und Rene sind Pflanzenfresser. Der kurze arktische Sommer bietet ihnen Nahrung in Hülle und Fülle: Strauchschößlinge sprießen, neue Blätter wachsen, und frische Kräuter und Gräser brechen aus dem Boden der Tundra. Karibus lieben vor allem junge Birkenblätter. Sie wählen nur die zartesten Triebe, die besonders schmackhaft, nahrhaft und leicht verdaulich sind. Frisches Grün, junge Keime, Schößlinge und Blütenknospen sind für sie ein seltener und deshalb willkommener Gaumenschmaus.

Wenn die Tage allmählich kürzer werden, versiegen die reichen Nahrungsquellen des Sommers. Dann ernähren sich die Rentiere hauptsächlich von Flechten, Pilzen sowie von den Blättern und Sprossen mehrjähriger Pflanzen wie etwa Zwergweiden.

Karge Nahrung, schwer verdient

Während der langen Polarnacht sind Flechten und Moose fast die einzige Nahrung, die die Rentiere der Tundra zu sich nehmen. Diese empfindlichen Pflanzen können den arktischen Winter jedoch nur überstehen, wenn sie von einer dikken Schneeschicht geschützt sind. Unter der lockeren weißen Decke sinkt die Temperatur nie so weit, daß die Vegetation erfriert; die Luftschicht, die der Schnee festhält, isoliert den Boden vor der extremen Kälte der dunklen Jahreszeit.

Solange die Schneedecke dünn ist, finden die Rentiere ihre Nahrung, indem sie mit ihrer Schnauze im Schnee wühlen. Allmählich fällt die weiße Pracht jedoch reichlicher und begräbt die spärliche Vegetation unter sich. Dann bleibt den Tieren nur die Wahl, Flechten von den Bäumen zu rupfen oder, von ihrem feinen Geruchssinn geleitet, den Schnee mit ihren Vorderhufen von den begehrten Erdflechten wegzuschaufeln. Auf diese Weise können die Hirsche erstaunlich gut graben: sie legen bis zu 80 cm tiefe Löcher an.

Bleiche Flechten, die in weiten Teilen der Tundra den Boden bedecken, sind die Hauptnahrung der Karibus und Rene, die diesen Lebensraum besiedeln.

Winterkost – Sommerkost

Forscher analysierten den Panseninhalt von 56 Karibus in der Taiga Nordostkanadas. Sie stellten fest, daß der Speisezettel dieser Tiere im Herbst und insbesondere im Winter vornehmlich aus Flechten, im Sommer jedoch aus grünen Pflanzenteilen und Beeren bestand. Das ganze Jahr über fraßen die Hirsche auch trockene Zweige und abgestorbene Pflanzen in kleinen Mengen.

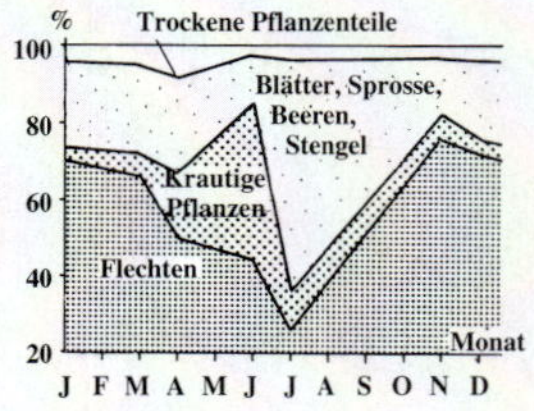

Im Sommer ist das Nahrungsangebot für die Rentiere wesentlich abwechslungsreicher als im Winter. Sie bevorzugen junge Blätter und Beeren, die sie vorsichtig von den Sträuchern pflücken. Rinde und verholzte Zweige verschmähen sie meist, da diese Pflanzenteile zu viele unverdauliche Stoffe enthalten.

Rentiere sind ausdauernde Läufer, die auch an den sommerlichen Weideplätzen ständig unterwegs sind.

Ein Kopfschmuck, der Männchen und Weibchen ziert

Im Gegensatz zu den übrigen Hirschen tragen bei den Rentieren beide Geschlechter ein Geweih; das der Weibchen ist allerdings wesentlich kleiner und einfacher geformt als das ihrer männlichen Artgenossen. Wenn der mächtige Kopfschmuck im Herbst seine volle Größe erreicht hat, können ausgewachsene Männchen mit Geweihspannweiten von mehr als 1,50 m aufwarten, müssen dann aber auch ein Gewicht von bis zu 15 kg tragen. Jedes Jahr werfen die Rentiere ihr Geweih ab und bilden ein neues – die Männchen bis März, die Weibchen später. Während des Wachstums ist es von einer stark durchbluteten Haut überzogen, dem Bast. Sobald die Stangen ihre endgültige Größe erreicht haben, stirbt dieses Gewebe ab und löst sich in Fetzen vom Knochen. Um es zu entfernen, scheuert das Tier sein Geweih an Bäumen – es „fegt". Trächtige Weibchen werfen das Geweih, das ihnen als Kalziumreserve dient, erst einige Tage nach der Geburt des Kalbes ab: Sollte ihre Nahrung zuwenig von diesem lebenswichtigen Element enthalten, entzieht der Körper das zum Wachstum des Embryos benötigte Mineral dem Geweihknochen. Auf diese Art ist die Knochenbildung des Jungtieres im Mutterleib stets gesichert.

Von Geburt an unterwegs

Kurz vor der Geburt der Jungen sondern sich kleine Gruppen trächtiger Weibchen von der Herde ab. Im Gebirge begeben sich die Kühe auf hohe, kahle Bergrücken, wo sie schutzlos den eisigen Winden ausgesetzt sind. Doch diese unwirtlichen Gebiete mit ihren steinigen Geröllhalden haben einen wesentlichen Vorteil: sie werden von Wölfen und anderen Raubtieren, die den neugeborenen Kälbern gefährlich werden können, gemieden.

Ab Ende April bis Anfang Juni kommen die meisten Kälber zur Welt. Alle Jungen einer Gruppe werden innerhalb weniger Tage geboren; so bleibt die Herde bestehen und muß ihre Wanderung nicht zu lang unterbrechen.

Die Mutter beeilt sich, das braune Fell des Neugeborenen trocken zu lecken, damit das Fruchtwasser nicht gefriert. Ohne diese Fürsorge würde das Kälbchen in der grimmigen Kälte höchstens einige Minuten überleben. Ein neugeborenes Ren wiegt je nach Lebensraum der Mutter 2,5–6,5 kg; während etwa Spitzbergenrene, die unter besonders harten Bedingungen und in großer Dichte leben, bei der Geburt nur durchschnittlich 3 kg auf die Waage bringen, sind die Jungen einer Population im südlichen Norwegen, in deren Areal üppige Weiden liegen, im Mittel 6,2 kg schwer.

Schon bald kann das kleine Rentier auf seinen langen Beinen der Mutter folgen. Um ihren Nachwuchs dazu zu bewegen, reckt die Kuh den Hals, hebt und senkt den Kopf und äußert einen typischen Ruf. Wenige Stunden nach der Geburt verlassen die beiden Tiere den Wurfplatz. Mutter und Kalb halten sich nun noch 1–3 Tage lang in einer gewissen Entfernung von der Herde auf, bevor sie zu ihr stoßen.

Die Kuh bringt im Normalfall ein Junges zur Welt, nur sehr selten Zwillinge. Unter den extremen arktischen Bedingungen könnte das Weibchen nicht genügend Milch für zwei Kälber produzieren.

Obwohl das Junge bereits im Alter von 4–5 Monaten entwöhnt wird, bleibt seine enge Bindung zur Mutter häufig noch 1–2 Monate länger bestehen. Sie ist für das Kalb lebenswichtig, denn die Kuh hilft ihrem Jungen, sich in schwierigem Gelände zurechtzufinden, und verteidigt es gegen Feinde.

Paarungszeit vor Einbruch des Winters

Bis zum Herbst, 4–5 Monate nach der Geburt, ist das Geweih der Muttertiere nachgewachsen, und das der Hirsche hat wieder seine imposanten Maße erreicht. Nun beginnt die etwa zehntägige Brunstzeit. Während dieser turbulenten Tage kämpfen die Männchen gegeneinander, um sich den Zugang zu den Herden der Weibchen zu sichern. Die Hirsche mit den mächtigsten Geweihen dominieren das Geschehen und verdrängen die jüngeren Männchen. Bei ihren Zusammenstößen liefern sich die Tiere erbitterte Kämpfe, werfen sich gegenseitig um oder verhaken ihre Geweihe im Nahkampf ineinander; dabei schnauben sie unablässig.

Doch nicht nur die Auseinandersetzungen mit Rivalen zehren an den Kräften der Männchen, sondern auch die Werbung um die Weibchen. Sie nähern sich jeder Kuh mit gesenktem, vorgestrecktem Kopf und prüfen anhand bestimmter Duftstoffe, ob die Partnerin paarungsbereit ist. Dann treiben sie sie von den anderen Männchen weg. Bis zum Ende der Brunst behalten die Hirsche ihre Weibchen ständig im Auge, stets bereit, sie zu ihrer Gruppe zurückzuholen.

Das Fortpflanzungsgebaren dieser Hirschart unterscheidet sich in den verschiedenen Lebensräumen. Beim Tundrakaribu versuchen die ranghöchsten Hirsche einer Herde, möglichst viele Weibchen zu begatten, während die Männchen der Waldkaribus Harems von bis zu zehn Kühen verteidigen.

Bereits in der ersten Stunde seines Lebens steht das Neugeborene auf, und bald danach nimmt es den ersten kräftigen Schluck. Die Milch der Rentiere ist mit 30% Fettgehalt in der Trockenmasse wesentlich nahrhafter als die der meisten anderen Huftiere.

Etwa ein halbes Jahr lang bilden die Karibumutter und ihr Kind eine unzertrennliche Einheit.

Spätestens 3 Tage nach der Geburt setzt das Weibchen seine lange Reise zu den saftigen Sommerweiden fort, und für das Kalb beginnt eine strapaziöse Zeit. Es muß täglich 10–15 km zurücklegen. Reißende Flüsse, Lawinen und Mangelernährung zehren an den Kräften des Kleinen, und Raubtiere halten eine strenge Auslese: Nur knapp ein Viertel der Kälber überlebt die ersten 4 Wochen.

Die Grantkaribus Nordwestkanadas und Alaskas sind wohl die wanderfreudigsten Rentiere. Auf ihrem Weg nach Norden legen sie bis zu 1600 km zurück und überqueren dabei auch Gletscher und kahle Gebirgsrücken in den Rocky Mountains.

Am Ende des Frühjahrs wechseln die Rentiere ihr Fell. Sie verlieren das lange, ausgebleichte Winterhaar in großen Büscheln, und das kurze, grau oder braun gefärbte Sommerfell wächst nach.

Auf der Suche nach neuen Weidegründen

In weiten Teilen ihres Verbreitungsgebietes begeben sich die Rentiere zweimal jährlich auf die große Reise. Nach der langen winterlichen Dunkelheit sammeln sich beispielsweise die Grantkaribus, die den Winter in kleinen Rudeln verbracht haben, zu gemischten Herden von 10000–100000 Tieren. Sobald im Frühling die Tage länger werden, die Schneedecke schmilzt und die Temperaturen steigen, ziehen die Tiere nach Norden, zu den grünenden Sommerweiden. Zuerst setzen sich die trächtigen Weibchen mit ihren Kälbern vom letzten Jahr in Bewegung, um an den traditionellen Plätzen ihre Jungen zu gebären. 2–3 Wochen später brechen die Männchen auf, die Jungtiere bilden die Nachhut.

Wochenlang folgen die Rentiere uralten Routen durch die Tundra und durchs Gebirge, überqueren hochwasserführende Flüsse und überwinden Eisfelder und Sumpfgebiete. Nach der Geburt schließen sich die Muttertiere und ihre Kälber zu kleinen Rudeln zusammen, die sich der übrigen Herde, die inzwischen nachgekommen ist, auf dem Weg zu den Sommerweiden wieder anschließen.

Doch auch im Sommer, wenn sich die Herde zerstreut, bleiben die Grantkaribus nicht ständig am selben Fleck, sondern streifen unentwegt auf der Suche nach neuen Weidegründen mit nährstoffreicher Nahrung durch die weite Tundra. Selbst während des Fressens bewegen sich die Tiere mit einer Geschwindigkeit von etwa 0,5 km/h. Häufig müssen die Hirsche auch vor den Myriaden von Insekten flüchten, die im Sommer zur Plage werden können (siehe Seite 63). Von Juli bis September legen sie auf diese Weise nochmals mehr als 500 km zurück.

Sobald die Brunst, die je nach Region in den Monaten September bis November stattfindet, beendet ist, beginnt die Vorbereitung auf die große Herbstwanderung. Hierzu schließt sich die gesamte Herde zusammen.

Nicht alle Unterarten der Rentiere sind allerdings so wanderfreudig wie die Grantkaribus; die Waldrene beispielsweise grasen lediglich die nachwachsende Vegetation auf den Waldlichtungen ab. Einige Populationen wandern im Jahr nicht mehr als 10 km weit.

Duftspuren am Wegesrand

Beim Wandern hinterlassen die Rentiere eine Duftfährte, an der sich Artgenossen orientieren können. Jedes Mal, wenn die Hirsche einen Fuß aufsetzen, bleibt eine winzige Menge des Sekretes ihrer Zwischenzehendrüse am Boden haften. Intensiver riecht jedoch die Absonderung der Voraugendrüse, die die Tiere an Ästen und anderen Gegenständen am Wegrand absetzen. Auch reiben die Renkühe ihre Kälbchen mit dieser Substanz ein. Eine ganz andere Funktion hat die Tarsaldrüse an der Fußwurzel der Hinterbeine. Sie produziert ein Sekret, das in der Brunstzeit Weibchen anzieht. Die Hirsche reiben Schnauze und Geweih an dieser Drüse, um sich selbst zu parfümieren. Lockstoffe im Urin der Männchen spielen in der Fortpflanzungszeit ebenfalls eine große Rolle. Die Tiere urinieren dann häufig auf ihre Hinterbeine, um so die Duftwirkung zu verstärken. Das Sekret der Schwanzdrüse rundet die „Parfümierung" in der Brunstzeit ab.

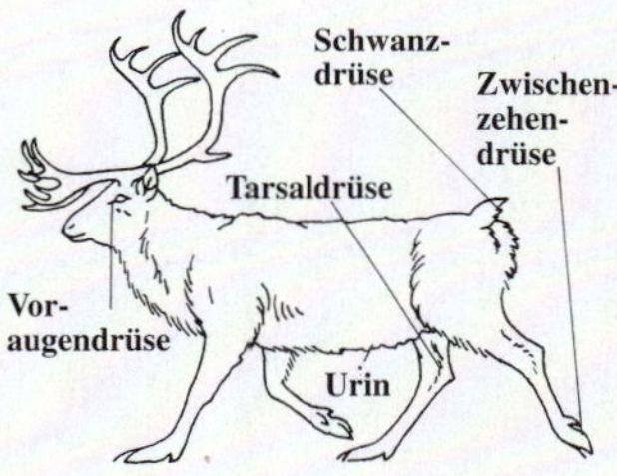

Im Sommer durchqueren die Karibus häufig breite Flüsse, um neue Nahrung zu suchen und lästigen Blutsaugern, die ihnen bis zu 2 l Blut pro Woche abzapfen, zu entrinnen.

▶ *Obwohl die Rentiere Skandinaviens und Sibiriens domestiziert sind, haben sie ihren Wandertrieb nicht verloren. Allerdings werden die Herden bereits seit vielen Jahrhunderten von Menschen auf die gewünschten Routen gelenkt.*

Rentier

Rangifer tarandus

Auch wenn das Rentier äußerlich den übrigen Hirschen stark ähnelt, unterscheidet es sich von diesen in mehreren wesentlichen Merkmalen. Während bei allen anderen Hirscharten nur die Männchen ein Geweih besitzen, tragen beim Rentier auch die Weibchen einen solchen Kopfschmuck. Eine Ausnahme bilden einige Populationen in Kanada. Außerdem wandert das Rentier wesentlich mehr als andere Hirsche, um in seiner kalten Umgebung genügend Nahrung zu finden. Da die einzelnen Unterarten und Rassen verschiedene Lebensräume und Klimazonen besiedeln, gibt es auch unter ihnen deutliche Unterschiede. So nimmt die Körpergröße der Rentiere im allgemeinen von Süden nach Norden ab; die nördlichsten Unterarten, etwa das Peary-Karibu und das Spitzbergenren, sind die kleinsten Formen.

Das Fell des Rentieres besteht aus dichter Unterwolle und langen, brüchigen Grannenhaaren. Dieses Haarkleid hält ein isolierendes Luftpolster fest und schützt damit die Haut vor Wind und Regen. Alle Körperstellen sind behaart, auch solche, die bei anderen Huftieren meist nackt sind: die ganze Schnauze, die Ohrmuscheln und der Bereich unter dem Schwanz.

Winter- und Sommerfell unterscheiden sich durch die Dichte und Länge der Haare und durch die Farbe. Erwachsene Männchen beginnen zuerst mit dem Fellwechsel. Gegen Ende des Frühjahres verlieren sie büschelweise ihr helles Winterfell, so daß es aussieht, als sei es von Motten zerfressen. Darunter liegt das neue stahlgraue Haarkleid, das bis zum Winter weiterwächst. Die arktischen Rentiere sind insgesamt heller gefärbt als die Waldrentiere.

	RENTIER
Art:	*Rangifer tarandus*
Familie:	Hirsche
Ordnung:	Paarhufer
Klasse:	Säugetiere
Merkmale:	Mittelgroß, Fell hell- bis dunkelbraun oder grau; Schwanz, Nacken und Mähne weiß. Geweih der Männchen größer als das der Weibchen
Maße:	Kopf-Rumpf-Länge 1,20–2,20 m, Schwanzlänge 7–22 cm; Zwergformen des hohen Nordens kleiner
Gewicht:	Männchen 124–275 kg, Weibchen 60–140 kg; Zwergformen des hohen Nordens leichter
Verbreitung:	Karibu in Kanada und Alaska, Grönland und Ostsibirien; Ren in Rußland, Skandinavien und Grönland sowie eingeführt in Kanada und den USA
Lebensraum:	Tundra und Taiga; Flachland und Gebirge, Sumpfgebiete
Nahrung:	Pflanzen, vor allem Flechten
Sozialstruktur:	Sehr gesellig; im Winter kleinere Rudel, während der Wanderung Herden von vielen tausend Tieren
Geschlechtsreife:	Männchen mit 3,5–4,5 Jahren, Weibchen mit 1,5–2,5 Jahren
Fortpflanzung:	Je nach Region Ende September bis Anfang November
Tragzeit:	225–235 Tage
Anzahl der Jungen pro Geburt:	1, selten 2
Geburtsgewicht:	2,5–6,5 kg
Lebensdauer:	Bis 20 Jahre
Bestand:	Schätzungsweise 1–1,5 Mio. Karibus und 3,5 Mio. Rene
Bedrohung und Schutz:	Nur das seltene Peary-Karibu steht in Kanada unter Naturschutz

Geweih
Beim Männchen sehr groß; Form und Größe individuell ausgeprägt.

Ohren
Klein und behaart als Anpassung an die große Kälte.

Wamme
Bei erwachsenen Männchen stärker ausgeprägt als bei Kühen und Jungtieren; kann als Fettspeicher dienen.

Fell
Sehr dicht; entsprechend der Jahreszeit unterschiedlich gefärbt. Beim Hausren sehr variabel.

Kopfform
Fast gerade Linie von der Stirn bis zur Nase; Stirn bei ausgewachsenen Männchen manchmal etwas gewölbt.

Die Unterarten

Rentiere werden in verschiedene Unterarten geteilt, doch die Fachleute sind sich über die Anzahl noch nicht einig. Hier werden die traditionellen Unterarten mit Lebensraum und Verbreitungsgebiet aufgeführt.

Grantkaribu *(Rangifer tarandus granti)*. In der Tundra und im Gebirge des nordwestlichen Nordamerika.

Dawsons Karibu *(Rangifer tarandus dawsoni)*. Nur in den Wäldern der Königin-Charlotte-Inseln vor der Pazifikküste Kanadas.

Peary-Karibu *(Rangifer tarandus pearyi)*. Nördlichste Unterart. Klein; sehr helles, fast weißes Fell; senkrechtes Geweih. In der Tundra des Kanadisch-Arktischen Archipels.

Waldkaribu *(Rangifer tarandus caribou)*. Schwerste und größte Unterart mit dem dunkelsten Fell. In der Taiga und in Feuchtgebieten von Ostkanada und Neufundland.

Barren-Ground-Karibu *(Rangifer tarandus arcticus)*. In der Tundra und in Sumpfgebieten Nordkanadas sowie Nordostsibiriens bis zur Lena.

Nordeuropäisches Ren *(Rangifer tarandus tarandus)*. In der Tundra, der Taiga und im Gebirge oberhalb der Waldgrenze; Kola-Halbinsel und Südnorwegen, Sibirien bis zur Lena. In die USA und Kanada eingeführt.

Grönlandren *(Rangifer tarandus groenlandicus)*. In der Tundra des westlichen und südlichen Grönlands.

Grönlandkaribu *(Rangifer tarandus oegroenlandicus)*. Tundra in Nord- und Ostgrönland.

Spitzbergenren *(Rangifer tarandus platyrhynchus)*. In der Tundra Spitzbergens.

Waldren *(Rangifer tarandus fennicus)*. In der Taiga und in Feuchtgebieten Finnlands und Kareliens.

Bergren *(Rangifer tarandus valentinae)*. In den Wäldern und Wiesen Sibiriens bis zum Altai.

Besondere Merkmale

Geweih
Im Verhältnis zu ihrem Körpergewicht besitzen die Rentiere das größte Geweih aller Hirscharten. Seine Form wirkt wie eine Mischung zwischen den eleganten Stangengeweihen der Rothirsche und den Schaufelgeweihen der Elche. Der Kopfschmuck der männlichen Rentiere hat lange, gebogene Stangen. Kurz über der Ansatzstelle, die „Rosenstock" genannt wird, teilt er sich in zwei Stangen, von denen eine nach vorne und eine nach hinten und oben weist. Häufig haben die Hirsche vorne noch eine unpaare „Augschaufel" (Foto rechts). Bereits im Alter von 15 Monaten besitzen die Rentiere ihr erstes Geweih, das noch wenig verzweigt ist. Unterarten, die in Wäldern leben, haben meist ein kürzeres Geweih als die der Tundra.

Nasenspiegel
Anders als bei der Mehrzahl der Hirsche und den meisten Huftieren bedeckt ein feiner Flaum die Nase und das Maul des Rentieres. Diese Haare, die im Winter über 1 cm lang werden, schützen die empfindliche Haut vor der Kälte. Auch der Elch, der wie das Rentier in der Arktis lebt, besitzt einen behaarten Nasenspiegel.

Hufe
Sie sind sehr breit, seitlich stark gerundet und spreizbar, so daß das Rentier wie auf Schneeschuhen läuft. Diese im Vergleich zu anderen Hirscharten große Fläche verhindert ein tiefes Einsinken in Schnee und feuchten Boden, da das Gewicht des Tieres besser verteilt ist. Außerdem erhöhen die Afterklauen, die den Fuß im Grund verankern, seine Trittsicherheit. Im Sommer bilden die fleischigen Hufballen den größten Teil der Sohle, doch im Winter schrumpfen sie, und nur noch die Hornschalen berühren den Boden. Dann schützen lange Haare die Sohle gegen die Kälte.

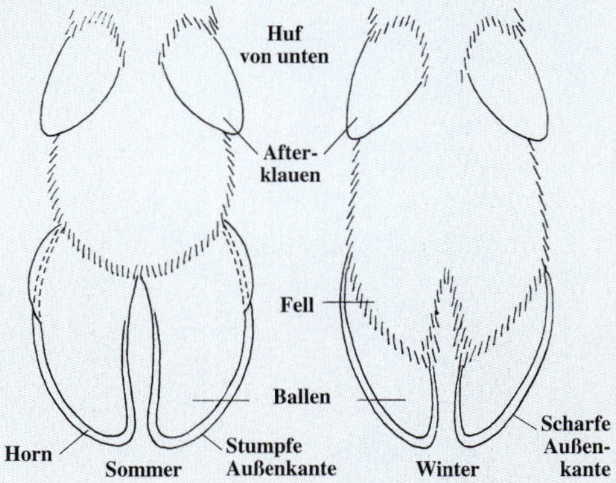

Rentiere in ihrem Lebensraum

In Nordamerika besiedeln die Rentiere, die dort Karibus genannt werden, sowohl die Tundra und die sumpfigen arktischen Prärien als auch die Wälder. In manchen Gebieten leben sie außerdem im Gebirge, z. B. in den Rocky Mountains. Im äußersten Norden, auf einigen Inseln der Arktis, ist das anspruchslose Peary-Karibu zu Hause, das sich mit einer äußerst spärlichen Vegetation begnügen muß. Alle Lebensräume der Rentiere haben allerdings eine wichtige Gemeinsamkeit: zahlreiche Flechten wachsen an den Sträuchern und Bäumen oder am Boden.

Die Tundra ist der typische Lebensraum der Karibus und Rene – weitläufige, gleichförmige Ebenen am Rand der Polargebiete, die im Winter von einer dicken Schneedecke überzogen sind. Hier, wo vereinzelt strauchförmige Weiden und Papierbirken wachsen, liegt das Reich des Barren-Ground-, des Grant- und des Grönlandkaribus, die sich in erster Linie von Flechten ernähren. Der steinige Boden taut im Sommer nur oberflächlich auf. An grünen Pflanzen wachsen in der Ebene vor allem Moose und Seggen, im Bergland Erlen und Weiden. Nach der Schneeschmelze sprießen krautige Pflanzen, und die Karibus rupfen gern die nährstoffreichen Halme, Blätter und später die Früchte ab.

Rentiere im Wald und im Gebirge

Weiter im Süden wird die Tundra von der Taiga abgelöst. Die eintönigen, dunklen Wälder stehen auf nährstoffarmem Boden und sind mit sumpfigen Bereichen und Torfmooren durchsetzt. Die Taiga ist besonders reich an Moosen sowie Erd- und Baumflechten. Sie wird von den nordamerikanischen Waldkaribus besiedelt. Auch in der Taiga Eurasiens leben Rentiere – in diesem Fall die Wald- und die Nordeuropäischen Rene.

Die Rentiere, die in Wäldern leben, unterscheiden sich von den Tundrarassen durch verschiedene körperliche Merkmale. So haben die Waldrentiere ein kürzeres Geweih, dessen Stangen enger zusammenstehen als bei den Renen der offenen Landschaften, damit die Hirsche sich leichter zwischen den Bäumen bewegen können. Ihr Körper ist langgestreckter und schlanker, und ihre Beine sind länger. Die Waldrene haben einen weniger ausgeprägten Wandertrieb, und die Männchen scharen in der Brunstzeit Harems um sich.

Im westlichen Kanada und in Alaska stellt das Bergland den typischen Lebensraum der Karibus dar. Vom Sommer bis zum Herbst leben die Tiere oberhalb der Baumgrenze, die in mehr als 2000 m Höhe liegt. Sobald die Schneedecke in dieser Höhe zu dick wird, steigen sie in die Täler hinab.

9 Monate in Schnee und Eis

Rentiere leben in einem Klima, das sich durch lange, kalte Winter mit Tiefsttemperaturen bis zu –40 °C und durch kühle Sommer auszeichnet. Die Niederschläge sind recht gering und fallen vorwiegend als Schnee, der 7–9 Monate lang liegenbleibt. In weiten Teilen des Verbreitungsgebietes gilt eine Schneedecke von 50 cm als normal; in der Tundra und auf den Inseln im hohen Norden kann sie sogar noch um einiges dicker sein.

Zu Beginn des Frühjahres ist die Sterblichkeitsrate der Hirsche am höchsten, vor allem in den nördlichen Regionen, da es ihnen aufgrund des verharschten Schnees häufig nicht gelingt, ausreichend Nahrung freizuscharren. Im Gebirge stellen auch die Lawinen, die bei Beginn der Schneeschmelze besonders oft niedergehen, eine große Gefahr dar. Das angenehmste Klima herrscht im Sommer, wenn die Tage lang sind; dann fördert die intensive Sonneneinstrahlung, die für diese Zone typisch ist, ein üppiges Pflanzenwachstum.

Feinde und Konkurrenten

Der natürliche Hauptfeind der Karibus und Rene ist der Wolf. Amerikanische Wissenschaftler haben errechnet, daß ein Wolf, der sich nur von diesen Huftieren ernährt, durchschnittlich 11–14 Karibus im Jahr reißen muß, um zu überleben. Da die Wölfe in vielen Gebieten ausgerottet oder stark dezimiert wurden, sind mittlerweile Luchse und Braunbären an ihre Stelle getreten. Neugeborene Kälber und altersschwache oder kranke Tiere fallen außerdem bisweilen Kojoten, Vielfraßen, Rotfüchsen, Schwarzbären und sogar Steinadlern zum Opfer. Verschiedene Aasfresser tun sich an Karibukadavern gütlich. Dies sind vor allem Eisbären und Polarfüchse sowie in den Küstenbereichen manche Möwenarten.

Nicht nur mit ihren Raubfeinden müssen die Karibus ihren Lebensraum teilen, sondern auch mit Konkurrenten, die ihnen die spärliche Vegetation der Tundra streitig machen. Dazu gehören die Moschusochsen, verschiedene Hasenarten und einige Nagetiere, vor allem die Lemminge, die in großer Zahl in dieser Region leben.

Einige Tierarten, etwa die Lemminge, profitieren von der Anwesenheit der Rentiere: sie zernagen oft die abgeworfenen Geweihe, die eine wichtige Kalziumquelle auch für verschiedene andere Bewohner der Tundra sind.

Das riesige Verbreitungsgebiet der Rentiere erstreckt sich über die gemäßigten und arktischen Zonen der Alten und der Neuen Welt nördlich des 45. Breitengrades. In Europa sind Wildrene allerdings südlich von Skandinavien bereits seit langer Zeit ausgestorben. Heute leben auf diesem Kontinent vorwiegend domestizierte Rene, die auch in andere Gebiete, z. B. Schottland, eingeführt wurden und teilweise verwilderten, vor allem auf Island.

Gefürchtete Quälgeister

Einer der bestgehaßten Widersacher der Rentiere, der ihre Lebensweise nachhaltig beeinflußt, ist die Rachendasselfliege *(Cephenomyia nasalis)*. Dieses Insekt, das manchmal massenhaft auftritt, spritzt seine parasitischen Larven in die Nasenlöcher der Hirsche. Die Larven wachsen in den Schleimhäuten des Nasen-Rachen-Raumes heran und verursachen Atem- und Schluckbeschwerden sowie eine erhöhte Anfälligkeit gegen Infektionskrankheiten. Folgeinfektionen an den verletzten Schleimhäuten können sogar tödlich enden. Die Larven einer anderen Fliege, der Hautdassel *(Oedemagena tarandi)*, entwickelt sich unter der Haut in Dasselbeulen.

Das typische Brummen, das eine weibliche Dasselfliege beim Fliegen erzeugt, versetzt die Rentiere in solche Panik, daß sie in alle Richtungen auseinanderlaufen. Der Naturforscher Carl von Linné beschrieb diese Reaktion schon 1732 während seiner Lappländischen Reise: „Ich sah mit größter Verwunderung, wie sich die Rentiere in der Hitze verhielten, ja, sie mochten nicht eine Minute stille stehen. Sie beutelten sich, stampften, prusteten, stießen etc., und das alles nur wegen einer kleinen Fliege; und obgleich nur zehn Fliegen eine große Herde von 500 Rentieren umschwirrten, war doch jedes Ren in hellem Aufruhr."

Während des warmen Sommers, vor allem tagsüber, fallen nicht nur Dasselfliegen, sondern auch Stechmücken in riesigen Schwärmen über die Rentierherden her; erst in den kühleren Abendstunden können sich die geplagten Hirsche ein wenig erholen.

Im tiefen Schnee trotten die Karibus oft im Gänsemarsch, so daß festgetretene Pfade entstehen. Jedes Verlassen der Spur bedeutet einen höheren Energieaufwand.

Lebensgrundlage der Völker im hohen Norden

Für viele Tiere und für manche Volksstämme ist ein Überleben in der kargen Tundra nur dank der riesigen Rentierherden möglich, die die Vegetation nutzen können. In Europa und Asien machten die menschlichen Bewohner dieses Lebensraumes den widerstandsfähigen Hirsch zum Nutztier, um jederzeit sein Fleisch, seine Milch und sein Fell „vor der Haustür" zu haben. Dazu paßten sie sogar ihre Lebensweise der ihrer tierischen Gefährten an. Sie zähmten die wilden Rene und setzten sie, ähnlich wie andernorts Rinder als Arbeitstiere genutzt werden, bei den verschiedensten Tätigkeiten ein.

Ein wichtiges Kapitel der Kulturgeschichte

Als die ersten Menschen den amerikanischen Kontinent besiedelten, trafen sie im Norden auf die riesigen Karibuherden, die sie hinfort jagten. Seit jener Zeit, die viele tausend Jahre zurückliegt, zählt dieser Hirsch zu den wichtigsten Beutetieren der nordamerikanischen Indianer und der Inuit.

In Eurasien bestehen seit den Eiszeiten, als die Eismassen die arktischen Tiere bis Mittel- und Westeuropa drängten, enge Beziehungen zwischen Mensch und Rentier. So wurden in Europa fossile Renknochen an den Rastplätzen früher Menschen gefunden, die einer Kulturstufe der älteren Altsteinzeit, dem Acheuléen, zugeordnet werden. In dieser Zeit war das Ren bei den Menschen, die als Jäger und Sammler lebten, offenbar eine äußerst begehrte Jagdbeute. Höhlenmalereien an verschiedenen Orten in Europa veranschaulichen diese Rentierjagd, wie sie vor 25 000 bis 15 000 Jahren betrieben wurde.

Gegen Ende der Eiszeiten, vor 15 000–10 000 Jahren, stand die Renjagd sogar im Mittelpunkt, und die Menschen überlebten nur dank dieser Hirsche; in vielen Gebieten basierte die Versorgung mit tierischem Eiweiß auf Renfleisch. Dies beweisen Funde aus der Schweiz und aus der Gegend um Hamburg. Damals waren die Rene allerdings ausschließlich Jagdbeute und wurden noch nicht gezüchtet.

Als es wieder wärmer wurde, zogen sich die Rentiere nach Norden zurück, und die Ernährungsgewohnheiten der mitteleuropäischen Völker änderten sich. Im Polargebiet blieben die Rene jedoch bis heute eine wichtige Nahrung für die dort lebenden Menschen. Vor 8000–6000 Jahren ritzten Bewohner der norwegischen Insel Sørøya, die etwa 500 km nördlich des Polarkreises liegt, u. a. Rentiere an Felswände.

Vom Wildtier zum Nutztier

Wann die Völker der Arktis begannen, die Rene zu domestizieren, und wo dies geschah, ist noch nicht genau bekannt. Manche Wissenschaftler nehmen an, daß die nordeuropäischen Lappen die Renzucht im 1. Jt. v. Chr. einführten, doch andere Forscher vermuten den Ursprung der Hausrene in Nordasien.

Bei der Renzucht berücksichtigen die Lappen das natürliche Verhalten der Tiere, vor allem ihren Wandertrieb. Sie halten die Rene in großen Herden, die in relativer Freiheit auf riesigen Flächen leben und zu ihren normalen Wanderzeiten, am Frühlingsbeginn und im Herbst, gemeinsam zu den neuen Weideplätzen getrieben werden. Dies bedeutet allerdings, daß die Menschen als Nomaden ihren Tieren folgen müssen. Da diese sich in beachtlichem Tempo und unentwegt fortbewegen, ist es nicht einfach, mit ihnen Schritt zu halten. Um mit Kind und Kegel durch die Tundra reisen zu können, benutzen die Lappen Schlitten, vor die sie ihre Rentiere spannen. Die Rene sind so kräftig, daß sie ein solches Gefährt mit Leichtigkeit ziehen können.

Nicht überall wandern die Züchter jedoch mit ihren Renen; in manchen Gebieten haben die Tiere durch die Zucht ihren Wandertrieb weitgehend verloren und können deshalb in großen Gattern gehalten werden.

In Nordsibirien und im europäischen Teil Rußlands finden die Rene vorwiegend als Zugtiere Ver-

Karibus, die Rentiere der Neuen Welt, wurden nicht domestiziert. Die ersten Hausrene, die im Jahr 1892 nach Alaska eingeführt wurden, stammten aus Sibirien. Da zu jener Zeit die Karibu-Bestände stetig zurückgingen, litten die Inuit unter Nahrungsmangel, und die leicht zu züchtenden, zahmen Rene sollten sie vor dem Hungertod retten. Die Tiere vermehrten sich so gut, daß sie die natürliche Vegetation stark schädigten und schließlich massenhaft starben. Es gelang den Behörden auch nicht, die Inuit zu Renzüchtern zu machen; die Haltung von Nutztieren widersprach ihrer Lebensweise.

wendung; die Tungusen in Sibirien nutzen sie jedoch fast ausschließlich als Trag- und Reittiere. In Rußland, Finnland, Norwegen und Schweden halten die Menschen sie vor allem als Fleisch- und Felllieferanten. Bei den Lappen ist auch die Milch der Renkühe sehr geschätzt. Allerdings lassen sich die Tiere nicht einfach melken. Sie müssen zunächst mit einem Lasso eingefangen und dann festgehalten oder an einem Baum festgebunden werden.

Die halbzahmen Herden sind ein bedeutender wirtschaftlicher Faktor für die Länder, in denen Hausrene gezüchtet werden. 1980 belief sich ihr Bestand in Skandinavien und Grönland auf 523 500, in Rußland auf schätzungsweise 2,4 Mio. Exemplare.

Neben den Nutztieren, die die Besitzer in Gehegen halten, gibt es auch riesige Herden, die nur einmal im Jahr Menschen sehen, wenn die zu schlachtenden Tiere zusammengetrieben oder die Jungtiere markiert werden.

Im Unterschied zu den Völkern des arktischen Eurasiens haben die Bewohner der amerikanischen Arktis die Renhirsche nie zu Nutztieren gemacht. Sie hielten zwar häufig einzelne Exemplare einige Zeit in ihren Siedlungen, doch nur, um sie schließlich zu schlachten. Dies liegt sicher nicht daran, daß die Karibus nicht gezähmt werden könnten, sondern an den Gewohnheiten der Indianer und Inuit. Sie waren nie gezwungen, Tiere zu halten, sondern jagten sie bei Bedarf.

Leben mit und von den Karibus

Für die Indianer, die den Norden Nordamerikas besiedelten, waren die Karibus ebenso lebenswichtig wie die Rene für die Lappen und die Völker Sibiriens. Um Karibus zu jagen, trieben etwa die Chipewyan eine ganze Herde in eine labyrinthförmige Hürde, in der sie die Tiere mit Speeren und Schlingen töteten. Die Hauptnahrung dieses Volkes war das Fleisch von Karibus und Elchen; ein Erwachsener verzehrte täglich mindestens 2 kg davon. Die Haut der Karibus wurde von den Frauen in einem aufwendigen Verfahren gegerbt. Aus ihr stellten die Indianer Kleidung, Schuhe und allerlei Gebrauchsgegenstände her.

Die Inuit jagten Karibus auf mehrere Arten: sie schlichen sich entweder an oder errichteten Hürden, ähnlich wie die weiter südlich lebenden Völker. Neben Fleisch lieferten ihnen die Tiere Knochen und Geweihe für die Herstellung von Werkzeugen sowie Häute für Kleidung und Schlafdecken.

Rentiere der Alten Welt in Amerika

Je weiter die Europäer in den Lebensraum der nordamerikanischen Indianer und der Inuit vordrangen, desto mehr verschlechterten sich deren Lebensbedingungen. Mit ihren fortschrittlichen Waffen töteten die fremden Jäger die Tiere, von denen sich die Völker der Tundra und der Taiga ernährten, in großem Stil. Ohne Karibus konnten diese Menschen jedoch nicht überleben.

Um dem erschreckenden Rückgang der Karibus zu begegnen, beschlossen die Behörden, in Alaska die Haustierhaltung zu versuchen. Der Einfachheit halber führten sie bereits an Menschen gewöhnte Hausrene aus Eurasien ein. 1892 kam die erste Herde von 143 Tieren aus Sibirien an. Diese Rene sollten in großen Farmen gehalten und gezüchtet werden. Das vordringlichste Ziel war, Fleisch für die vom Hunger bedrohten Menschen der Region zu liefern. Doch dabei sollte es nicht bleiben; die Züchter wollten später Überschüsse produzieren, um sie auf dem Weltmarkt gewinnbringend abzusetzen.

1930 waren die Herden auf insgesamt rund 500 000 Exemplare angewachsen, und die höchste Zahl von Hausrenen lebte um 1933 in der Neuen Welt: etwa 650 000. Danach sank der Bestand wieder ab. 1940 zählte man 252 000 und

Wenn eine Herde von mehreren tausend Karibus auf ihrem Wanderzug breite Ströme überquert, kommen immer wieder einzelne Tiere um. Das Fleisch der Kadaver, die an ruhigen Uferabschnitten angetrieben werden, ist für die Inuit wertlos, doch das Fell kann noch verarbeitet werden.

1948 nur noch 33000 Tiere. Der Grund dafür war unzureichende Planung, verbunden mit mangelndem Einblick in das empfindliche Ökosystem der Tundra. Die ungebremste Vermehrung der Hausrene führte zu einer starken Überweidung der Flechten, so daß sehr viele Pflanzenfresser, darunter auch die zahmen Rentiere und die wilden Karibus, verhungerten.

Damit lösten sich die großen Pläne der Renzüchter in Luft auf. Die Geschäftsleute mußten einsehen, daß sich mit den Hirschen kein großes Geschäft machen ließ und daß sie die äußeren Bedingungen bei ihren Kalkulationen berücksichtigen mußten. In den folgenden Jahrzehnten pendelte sich die Zahl der Hausrene in Nordamerika auf einige zehntausend Tiere ein; 1980 schätzten Fachleute den Bestand auf 41 200 Individuen.

Die Einbürgerung von Hausrenen wurde auch in verschiedenen anderen kalten Regionen der Erde versucht. In China beispielsweise leben ca. 1000 Tiere, und sogar auf die südliche Erdhalbkugel, auf die Kerguelen im Indischen Ozean, wurden die Hirsche verfrachtet. Auf 2000 freigelassene und dann verwilderte Hausrene schätzen Wissenschaftler den dortigen Bestand. Diese Rentiere setzten der einzigartigen Flora der Kerguelen so stark zu, daß zahlreiche Arten auf manchen Inseln mittlerweile ausgerottet wurden.

Opfer menschlicher Fehler

In den 70er Jahren ertranken Tausende von Karibus in Ostkanada in einem Fluß, durch den sie gerade schwammen. Ein Staudamm war geöffnet worden, und die Tiere kamen gegen die heranschießenden Wassermassen nicht an. Die Aktion hätte nur ein wenig verschoben werden müssen, und dieses Unglück wäre verhindert worden.

Einige Unterarten des Rentieres, vor allem diejenigen, die im hohen Norden leben, sind vom Aussterben bedroht. Das arktische Ökosystem ist außerordentlich empfindlich, und alle Eingriffe des Menschen stören dieses Gleichgewicht. Erst vor kurzem stellten Wissenschaftler fest, daß in weiten Teilen Grönlands die Flechten absterben, und führten dies auf erhöhte UV-Strahlung zurück, die durch das Ozonloch zur Erde dringt. Wenn aber die Flechten verschwinden, verhungern die Rentiere, da sie sich im Winter fast ausschließlich von diesen Pflanzen ernähren.

Doch auch die übermäßige Bejagung der Rentiere kann zur Bedrohung werden. Seit Beginn dieses Jahrhunderts schrumpfen viele Herden, da Jäger mit perfektionierten Gewehren die Tiere in großer Zahl abschießen. Um solche Massenabschlachtungen zukünftig zu verhindern, stehen inzwischen einige Populationen unter Schutz.

Damit die Bestände möglichst schnell wieder anwachsen, versuchen die Menschen, Konkurrenten zu dezimieren – die Wölfe, die sich vor allem von Karibus ernähren. Diese Raubtiere wurden als „Schädlinge“ in einigen Regionen Nordamerikas vom Hubschrauber aus gejagt. Allerdings führte die Ausrottung der Wölfe vielerorts dazu, daß sich die Huftiere ungebremst vermehrten und die Vegetation überweideten; dadurch vernichteten sie ihre eigene Lebensgrundlage, und viele Tiere verhungerten. Erst als die Pflanzen sich erholt hatten, stieg die Zahl der Rentiere wieder an. Solche starken Schwankungen kommen nicht vor, wenn Wölfe den Bestand regulieren.

Die zahmen Rene, die in Alaska eingeführt wurden, sind Nahrungskonkurrenten der dort heimischen Karibus. Da die Nutztiere auf die besten Weidegründe getrieben werden, müssen die Karibus ausweichen und mit weniger hochwertiger Nahrung vorliebnehmen.

Die US-amerikanischen und kanadischen Behörden haben bereits Maßnahmen zur Erhaltung gefährdeter Karibu-Populationen ergriffen. Besonders gut untersucht ist die 180000 Tiere umfassende Porcupine-Herde, die auf ihrer Wanderung von Alaska nach Kanada und zurück bis zu 5000 km Wegstrecke bewältigt. Im bisher geschützten Areal der Sommerweiden dieser Herde soll allerdings Öl gefördert werden. Erfahrungen aus anderen Gebieten haben gezeigt, daß die dazu angelegten Pipelines, selbst wenn sie auf hohen Stelzen geführt werden, die Karibus auf ihren Wanderrouten stark behindern. Seit mehr als 10 Jahren kämpfen Inuit und Naturschützer dafür, daß die verantwortlichen Ministerien dem Begehren der Erdölindustrie, dieses Gebiet freizugeben, widerstehen.

Auch Hausrene leiden unter den Folgen der Technik. Nach dem Unfall im Kernkraftwerk von Tschernobyl konzentrierte sich beispielsweise der radioaktive Niederschlag in den skandinavischen Flechten, und die Rentiere, die diese Pflanzen fraßen, lagerten die Substanzen in ihre Knochen und ihr Gewebe ein. Dies machte ihr Fleisch für den menschlichen Verzehr ungeeignet, und Tausende von Renen mußten daher notgeschlachtet werden.

Hausrene wurden früher auch als Arbeitstiere eingesetzt. Bereits seit vielen hundert Jahren nutzen die Bewohner des arktischen Eurasiens, etwa die Lappen Nordeuropas und die Nenzen Nordrußlands, Rene als Zugtiere. Jenseits des Polarkreises waren Renschlitten neben Hundeschlitten lange Zeit die einzigen Transportmittel an Land. Heute hat die Technik die Rene in vielen Gebieten abgelöst; bei jungen Skandinaviern sind neuerdings jedoch Skirennen besonderer Art in Mode gekommen. Die Bestzeiten hängen dabei freilich weniger vom Sportler als von seinem „Renn“-Tier ab.

PINGUINE

Die meiste Zeit ihres Lebens verbringen sie mit der Nahrungssuche im Meer, und fast niemals betreten Kaiserpinguine festes Land. Doch zu Beginn des Winters kehren sie ihrem Element den Rücken, um sich auf dem Eis vor den Küsten der Antarktis zu paaren und ihre Jungen großzuziehen. Gemeinsam gelingt es den brütenden Männchen, dem Winter zu trotzen, allerdings um den Preis einer fast 5 Monate währenden Fastenkur.

Pinguine können ausgezeichnet tauchen und während des Schwimmens Sprünge vollführen, aber nicht fliegen. Und doch haben sie dieselben Vorfahren wie die Sturmvögel, die zu den besten Flugkünstlern unter den Vögeln zählen. Ihr Stammbaum ist, wenn auch lückenhaft, bis auf die stammesgeschichtlich ältesten Vögel zurückzuführen.

Über die Abstammung der Pinguine herrschte unter den Wissenschaftlern lange Zeit Uneinigkeit. Strittig war vor allem, ob sie sich von flugunfähigen Arten oder von Formen, die fliegen konnten, ableiten. Da die heutigen Pinguine ein Brustbein mit einem Kiel besitzen, werden sie zu den Flugvögeln gerechnet; Laufvögeln wie den Straußen, die zu den Flachbrustvögeln zählen, fehlt dieser Knochenkamm. Außerdem ähneln fossile Knochen von Pinguinen denen der heutigen Röhrennasen, der Ordnung, zu der beispielsweise die Sturmvögel gehören.

Die Pinguinartigen haben sich wahrscheinlich vor etwa 70 Mio. Jahren, gegen Ende der Kreidezeit, aus flugfähigen Vorfahren entwikkelt, die vermutlich nach und nach ihr Flugvermögen verloren. Die ältesten Fossilien von Pinguinen, die bisher gefunden wurden, stammen aus dem Eozän und sind etwa 40 Mio. Jahre alt. Aus ihnen schlossen die Paläontologen, daß es damals wesentlich mehr Arten gab als heute. 17 Gattungen von Pinguinen mit 32 Arten starben im Lauf der Jahrmillionen völlig aus. Die größten dieser Formen, wie beispielsweise *Pachydyptes ponderosus*, der vor ca. 25 Mio. Jahren lebte, erreichten eine Körpergröße von bis zu 1,90 m und wogen bis zu 100 kg. Diese Tiere des Tertiärs besiedelten mäßig warme, subtropische Gebiete; sie hatten also ihre Entwicklung zu Meeresvögeln abgeschlossen, lange bevor die Antarktis nach Süden driftete und vor etwa 2,5 Mio. Jahren vereiste.

Obwohl sie einer recht alten Vogelordnung angehören, erschienen die heutigen Pinguinarten erst in jüngerer Zeit, vor rund 2 Mio. Jahren. Damals wie heute waren sie auf die südliche Halbkugel der Erde beschränkt und besiedelten in großer Zahl die Meere und Küsten der südlichen Kontinente. Der Kaiserpinguin, der ausschließlich auf Antarktika lebt, hat sich von allen seinen Verwandten am besten an das extreme Klima angepaßt.

Zu Beginn des antarktischen Winters wandern die Kaiserpinguine in langen Prozessionen zu ihren angestammten Brutgebieten auf dem Packeis. Würdevoll aufgerichtet oder wenig majestätisch auf dem Bauch rutschend, ziehen sie zu Tausenden im Gänsemarsch dahin. Die wohlgenährten, schweren Vögel, die von ihren Fettreserven mehrere Monate zehren können, watscheln auf ihren kurzen Beinen schwerfällig übers Eis. Erst nach 100–200 km erreichen sie ihr Ziel.

Mit erstaunlicher Eleganz und beachtlicher Geschwindigkeit bewegen sich die Pinguine im Wasser. Einzeln oder in Gruppen gleiten die Vögel dank ihres stromlinienförmigen Körpers durch das nasse Element, vorangetrieben durch wenige Schläge ihrer zu steifen Flossen umgebildeten Flügel.

Zwischen den Tauchgängen oder zur Gefiederpflege treiben die Kaiserpinguine an der Oberfläche, Kopf und Schwanz über den Wasserspiegel erhoben.

Tauchflug in die Tiefe

Die Antarktis mit ihrem dicken Eispanzer über dem felsigen Untergrund gilt als der lebensfeindlichste Kontinent der Erde. Da es an Land so gut wie keine Nahrungsreserven gibt, sind alle Bewohner dieses Lebensraumes auf maritime Nahrungsketten angewiesen.

Kleinere Pinguinarten nehmen hauptsächlich Krill zu sich, doch die Kaiserpinguine, die von allen Arten der Familie am weitesten südlich leben, fressen vor allem die kleinen Antarktisheringe *(Pleuragramma antarcticum)* sowie Krill und Tintenfische. In der Regel gehen sie bei Tag auf Nahrungssuche. Auf dem Weg zu ihren manchmal weit entfernten Fischgründen tauchen und springen die Vögel wie Delphine aus dem Wasser und erreichen durch diese Fortbewegung schneller ihr Ziel.

Wie viele Meeresvögel fischen die Pinguine häufig auch in Gruppen und tauchen in die Schwärme ihrer Opfer zielstrebig hinein. Die entstehende Panik nutzen sie, um Fische zu fangen, indem sie im Zickzack hin und her schwimmen und die fliehenden Tiere mit dem Schnabel schnappen. Die erfolgreichen Jäger schlucken die meisten Fische sofort – lediglich größere Beute bringen die Vögel an die Wasseroberfläche und verschlingen sie dort mit dem Kopf voran.

In der Zeit, die die Pinguine auf dem offenen Meer verbringen, fressen sie weit mehr, als sie für die Aufrechterhaltung ihres Stoffwechsels benötigen. Mit den Überschüssen legen sie sich die Fett- und Eiweißreserven für die langen Fastenperioden während des Brutgeschäftes und der Mauser zu.

Vorzügliche Schwimmer

Während die Pinguine an Land eher plump wirken, bewegen sie sich im Meer schnell und mit großem Geschick. Ihre stromlinienförmigen Körper mit den ans Körperende verlagerten Füßen bieten dem Wasser nur wenig Widerstand, und aufgrund ihres hohen spezifischen Gewichtes sind sie in der Lage, schnell und tief zu tauchen.

Mit den Flügeln, die zu Flossen umgebildet sind, schlagen sie wie andere Vögel beim Fliegen, doch sowohl der Flügelabschlag als auch der Flügelaufschlag treiben die Pinguine voran. Ihre Füße halten sie unter Wasser geschlossen; sie dienen nur als Steuerorgan. Normalerweise gleiten die Tiere mit einer Geschwindigkeit von 5–10 km/h durch die Fluten, doch bei der Verfolgung einer Beute oder bei der Flucht vor Feinden erreichen Kaiserpinguine bis zu 25 km/h.

Tauchrekorde

Bis zu 18 Minuten können Pinguine unter Wasser bleiben, doch kommen sie in der Regel schon wesentlich früher wieder an die Oberfläche.

Der Kaiserpinguin hält von allen Arten seiner Familie den Tiefenrekord beim Tauchen. Forscher berichteten, daß ein Kaiserpinguin bis in eine Tiefe von 382 m und nach einer Ruhepause von nur 2 Minuten nochmals 370 m hinabgetaucht sei. Die größte bisher gemessene Tiefe erreichte ein Weibchen mit 535 m. Wie die Vögel den extrem hohen Druck in solchen Tiefen aushalten, konnten die Wissenschaftler allerdings bisher nicht erschöpfend klären.

Bei der Rückkehr zu ihren Ruheplätzen nehmen die Kaiserpinguine während des Schwimmens Anlauf und katapultieren sich bis zu 2 m hoch aus den Fluten. Dabei landen sie meist auf ihren Füßen, doch gelegentlich schlittern sie auch noch ein Stück weit auf dem Bauch über das Eis. Manchmal müssen sich die Tiere allerdings mühsam und unter Zuhilfenahme ihrer Flügel und Füße, an deren Zehen starke Krallen sitzen, hochhieven.

Hochzeitsgesellschaften auf eisigem Grund

Zu Beginn des antarktischen Winters kehren die Kaiserpinguine dem offenen Meer den Rücken und machen sich auf den Weg zu ihren Brutplätzen. In langen Prozessionen bewegen sie sich vorwärts, einer hinter dem anderen. Dieser Marsch hat wenig von der Eleganz, die die Tiere im Wasser auszeichnet. Entweder watscheln die Vögel auf ihren robusten Füßen, oder sie rodeln auf dem Bauch, indem sie sich mit ihren Hintergliedmaßen abstoßen.

Auf diese Weise kommen sie nur langsam voran – etwa 1–2 km/h –, legen aber viele Kilometer ohne Unterbrechung zurück. Nur zum Schlafen bleiben sie stehen. Einige Kaiserpinguine ziehen bis 200 km weit zum Schelfeis, das auch im Sommer nicht abschmilzt. In den Brutgebieten bilden sich schließlich Kolonien von 2000–3000 Vögeln; manchmal versammeln sich sogar bis zu 100 000 Individuen.

Lautstarke Werbung

Gleich nach der Ankunft am Ort der Eiablage, den die Tiere Jahr für Jahr wieder aufsuchen, machen sich die Kaiserpinguine auf die Suche nach ihrem Partner aus dem Vorjahr, und die herangewachsenen Jungvögel wählen erstmals einen Brutpartner. Doch bis zur Paarung werden noch etwa 4 Wochen vergehen. Dies ist die Zeit des Kennenlernens und der Imponiervorstellungen, bei denen Schreie und Gesänge eine große Rolle spielen.

Jeder Vogel muß sich die Stimme seines Partners gut einprägen, um ihn bei einer Trennung unter den Tausenden von anderen Pinguinen der Kolonie wiederzufinden. Die Paare stimmen deshalb endlose Duette an, die oft von sonderbar anmutenden Körperbewegungen begleitet werden.

Das klassische Verhalten hierbei heißt „Gesicht zu Gesicht“: Männchen und Weibchen stehen einander gegenüber, neigen tief den Kopf und wiegen ihn von rechts nach links. Anschließend singen sie abwechselnd, während sie sich wieder aufrichten und mit geblähtem Hals und gewölbter Brust den Kopf in die Höhe recken. Brust an Brust oder wenige Zentimeter voneinander entfernt, verharren sie fast reglos und zwinkern nur ein wenig mit den halbgeschlossenen Lidern. Bei diesem engen Kontakt scheinen die Vögel der Welt entrückt. Schließlich trennen sie sich wieder, entspannen sich oder werfen den Kopf zur Seite.

Da die Kaiserpinguine kein Nest bauen und ihren Brutplatz nicht markieren, entfallen die Auseinandersetzungen um Nistplätze und -stoffe. Nur selten tragen die Männchen mit Schnabelhieben, Flügelschlägen und Brustrempeln Rivalenkämpfe aus.

Tönende Visitenkarte

Unter Hunderten Kaiserpinguinen, die gleich aussehen, finden sich Männchen, Weibchen und Kinder auch noch nach mehreren Monaten der Trennung mit schlafwandlerischer Sicherheit. Die Grundlage dieses Wiedererkennens ist der individuelle Stimmfühlungsruf, eine rasche Folge von schnarrenden oder trompetenartigen Lauten, zwischen denen die Vögel unterschiedlich lange Pausen einlegen. Höhe, Dauer und Klangfarbe bleiben stets gleich und stellen eine Art Code dar, der die Artgenossen über Rang, Geschlecht und Identität des Rufenden informiert und Artfremde eindeutig als solche ausweist. Die Luft über einer Pinguinkolonie ist deshalb ständig erfüllt von dem ohrenbetäubenden Geschrei ankommender Tiere und hungriger Jungvögel, die ihre Eltern herbeirufen.

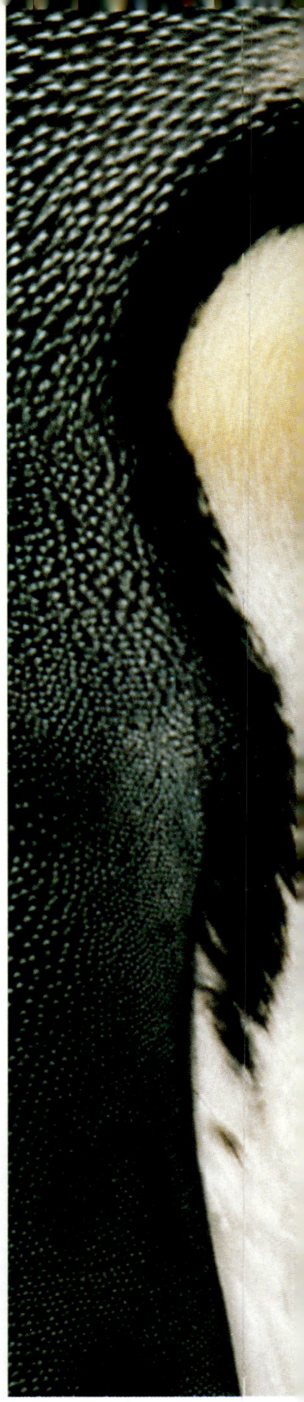

Wenn die Kaiserpinguine nach ihrem anstrengenden Marsch über das Eis im März in ihrem Brutgebiet angekommen sind, vollführen sie eine ganz bestimmte Geste, die sie mehrmals wiederholen: In aufrechter Haltung und ohne Lautäußerungen reiben die Tiere ihre Schnäbel an der Oberkante ihrer Flügel. Die Bedeutung dieses Verhaltens ist noch nicht geklärt, doch scheint sie mit dem eigentlichen Balzverhalten nicht in Zusammenhang zu stehen.

Nach lautstarken Duetten, die die Paare mit gen Himmel gereckten Schnäbeln singen, nähert sich das Männchen seiner Auserwählten, den Kopf zur Brust geneigt. Wenn sie zur Paarung bereit ist, nimmt sie die gleiche Haltung ein, und die Begattung kann erfolgen.

Kaiserpinguine scharen sich vorzugsweise an Stellen zusammen, die einen gewissen Schutz vor Schneestürmen bieten, wie hier hinter einer Gruppe von Felsinselchen.

In der warmen Bauchfalte des Vaters oder der Mutter sitzend, läßt sich der klirrende Frost aushalten. Erst nach etwa 40 Tagen kann das Küken auf diesen Schutz verzichten und seine Körpertemperatur selbst regulieren.

Die extremen Wetterbedingungen im Winter lassen die Kaiserpinguine eng zusammenrücken. Sie ziehen den Kopf ein, legen die Flügel dicht an den Körper und harren unbeweglich auf ihrem Posten aus. Durch dieses Verhalten sparen die Tiere bis zu 50% ihrer Energie. Dennoch verlieren die Männchen während der Brutzeit bis zu 17 kg Gewicht.

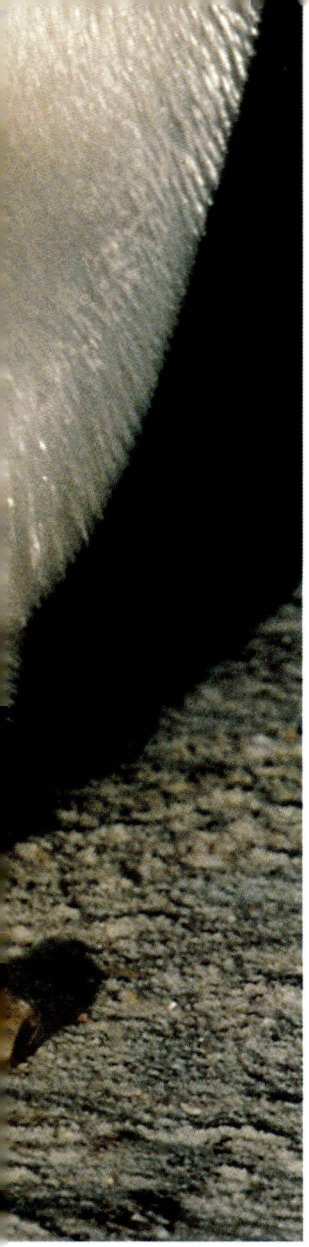

Der Club der brütenden Väter

10–14 Tage nach der Paarung legt das Weibchen im April oder Mai ein einziges, rund 450 g schweres Ei. Im Verhältnis zu seiner Körpergröße besitzt der Kaiserpinguin die kleinsten Eier aller Vogelarten – vermutlich eine Folge der extremen Klimabedingungen, unter denen das Tier brütet. Es muß mit seinem Brutgeschäft schon im Winter beginnen, weil sonst die Zeit für die Aufzucht der Jungen nicht ausreicht.

Damit das kostbare Ei beim Legen keinen Schaden nimmt, klappt die Mutter ihren Schwanz nach vorne, so daß es direkt auf ihren Füßen landet, wo sie es unter einer Bauchfalte verbirgt. Einige Stunden später übergibt das Weibchen das Ei dem Männchen. Dies ist ein gefährliches Unternehmen, das in mehreren Schritten vor sich geht. Zuerst zeigt das Tier dem Partner sein Produkt, worauf er zu singen anhebt. In diesen Gesang stimmt das Pinguinweibchen mit ein, während es mit kleinen Schritten um das Männchen herumtrippelt. Danach erst läßt es das Ei vorsichtig auf das Eis gleiten, von wo der Vater es mit dem Schnabel zwischen seine Füße rollt und schließlich mühsam unter seine Brutfalte befördert.

Fasten für den Nachwuchs

Nach der Eiübergabe kehrt das Pinguinweibchen unverzüglich zum offenen Meer zurück, um seine Energiereserven aufzufrischen. Es hat nämlich schon seit 40–50 Tagen nichts mehr gefressen und mittlerweile 25 % seines Gewichtes verloren. Das Männchen jedoch wird noch weitere 2 Monate ohne Nahrung auf dem Eis ausharren und das Ei in seiner Brutfalte warm halten. Eine schwierige Phase bricht damit für den Vater an, denn in dieser Zeit toben die schlimmsten Eisstürme über die Antarktis. Dicht an dicht hocken die brütenden Pinguine in der klirrenden Kälte der Polarnacht, die Rücken nach außen gekehrt (siehe auch Seite 76). Wenn der Sturm zu heftig wird, zieht sogar die gesamte Kolonie an einen besser geschützten Platz um. Vorsichtig, damit sie das Ei nicht verlieren, trippeln die Männchen dann an den neuen Standort, an dem sie die Bebrütung fortsetzen.

Nach etwa 65 Tagen Brutzeit schlüpft im Juli das Küken. Zu diesem Zeitpunkt kommt das vollgefressene Weibchen zur Kolonie zurück. Jetzt zeigt sich die Bedeutung des Stimmfühlungsrufes; nur mit seiner Hilfe können sich die Partner wiederfinden. Das wiedervereinte Paar stimmt ein lautstarkes Duett an, bevor das Männchen das Küken seinem Weibchen anvertraut und sich nun seinerseits auf den Weg zum offenen Meer macht, um Nahrung zu suchen.

Falls das Weibchen verspätet eintrifft, füttert das Männchen sein Junges mit einem energiereichen Sekret, das sehr viel Eiweiß und Fett enthält. Kehrt das Weibchen nicht binnen 10 Tagen zurück, muß der Vater das Küken im Stich lassen, um nicht selbst den Hungertod zu sterben. In der viermonatigen Fastenzeit hat er erheblich an Gewicht verloren. Die ihm verbliebene Fettreserve von 1–2 kg reicht gerade noch aus, um die 100 bis 200 km zu den Nahrungsgründen im Meer zurückzulegen.

Sehnsüchtig erwarten der Vater und sein frisch geschlüpftes Küken die Rückkehr der Mutter, die sich nicht allzusehr verspäten darf. Höchstens 10 Tage lang kann das vom mehrmonatigen Fasten schon stark geschwächte Männchen das Kleine mit einem besonderen Energiecocktail aus Eiweiß und Fetten versorgen.

Die Brutfalte

Kaiserpinguine brüten ihr Gelege auf den Füßen aus, wobei der unbefiederte und gut durchblutete untere Teil der Bauchhaut das Ei wärmend umhüllt. Meist hocken die Männchen dabei auf ihren Fersen und reduzieren durch das Anwinkeln der Füße zusätzlich die Berührungsfläche mit dem Eis. Vorsichtig trippelnd laufen sie auch kurze Strecken.

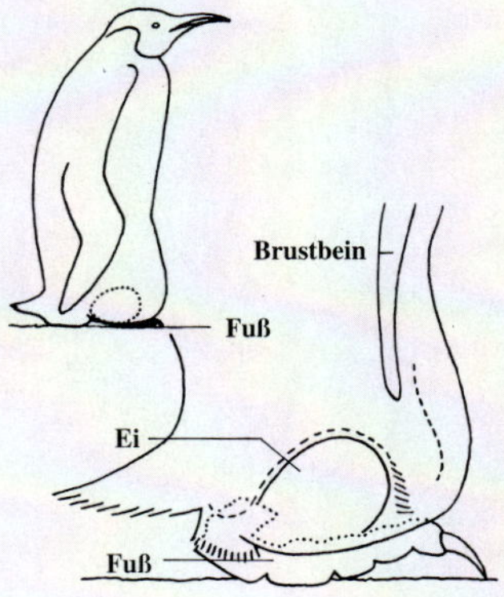

Gemeinsam gegen die klirrende Kälte

Während der Vater im Meer neue Kräfte sammelt, bleibt die Mutter beim Küken. Gleich nach ihrer Ankunft füttert sie es mit ausgewürgter Nahrung, die sie bei ihrem Aufenthalt in den antarktischen Gewässern im Magen gespeichert hat. Anfangs erhält das Jungtier stündlich Futter, später nur noch zwei- bis dreimal am Tag. Wenn das Männchen nach etwa 4 Wochen zurückkommt, ist Schichtwechsel. Je nach der Entfernung zum offenen Wasser und nach ihren Fangerfolgen kehren die Alttiere in Intervallen von 1–3 Wochen zurück.

Im September ist das Dunenkleid der Küken schon so dicht, daß sie die Brutfalte verlassen können. Wenn sie 40 Tage alt sind, bleibt ihre Körpertemperatur stabil, und sie müssen sich nicht länger bei den Altvögeln aufwärmen. Pinguinforscher nennen dieses Stadium die Phase der „Wärmemündigkeit".

Beide Elternteile können jetzt ihr Junges ungeschützt auf dem Eis zurücklassen und zwischen Meer und Brutplatz hin und her pendeln. Jeder der beiden Altvögel wird ihm in den dreieinhalb noch verbleibenden Aufzuchtmonaten nicht mehr als sechsmal Futter bringen.

Ölzeug und Daunenmantel halten warm

Kaiserpinguine sind durch eine bis zu 2 cm starke Fettschicht unter der Haut sowie ihr Gefieder wirksam vor der Kälte geschützt. Die etwa 3 cm langen, steifen Federn – durchschnittlich zwölf pro Quadratzentimeter – sind schuppenförmig angeordnet. Der dunige Federschaft hält ein Luftpolster, das den Vogel vor Wärmeverlust bewahrt. Gelegentlich reicht jedoch auch dieses doppelte Gefieder nicht aus, und die Vögel versuchen sich durch heftiges Flügelschlagen zu erwärmen.

Ein „Kindergarten" für die Küken

Die alleingelassenen jungen Pinguine scharen sich in einem „Kindergarten" zusammen. Im antarktischen Winter rasen Blizzards mit Windgeschwindigkeiten von bis zu 300 km/h über das Land, und das Thermometer kann unter −40 °C fallen. Um solchen extremen klimatischen Bedingungen standzuhalten, drängen sich die kleinen Kaiserpinguine eng aneinander. Bei besserem Wetter lockern sich diese Verbände, doch stets bleiben die Jungvögel beieinander. Damit nicht immer dieselben Tiere der Kälte ausgesetzt sind, ist die Kinderschar fortwährend in Bewegung.

Der Aufbruch der Jungen

Anfang Dezember, mehr als 8 Monate nach dem Eintreffen der erwachsenen Pinguine am Brutplatz, sind die Jungvögel weit genug entwickelt, um die Kolonie zu verlassen. Jetzt haben sie ein Alter von 5 Monaten erreicht und ihre erste Mauser abgeschlossen. Allerdings wiegen sie nur 10–12 kg. Sie verbringen ein ganzes Jahr im Meer, bevor sie wieder an ihren Geburtsort kommen; fortpflanzen werden sie sich, je nach Geschlecht, zum ersten Mal mit 3–8 Jahren.

Wenn die erwachsenen Tiere im Meer genügend Nahrung aufgenommen haben, kehren sie aufs Eis zurück, um zu mausern, und hungern abermals 6 Wochen lang.

Selbst bei schneidendem Wind bleiben die robusten Federn der Vögel wohlgeordnet. Sie schützen die Kaiserpinguine derart wirksam vor Wärmeverlust, daß nicht einmal der angewehte Schnee auf ihrem Rückengefieder abtaut.

Etwa 6 Wochen nach dem Schlüpfen ist das Dunenkleid der Jungen dicht genug, und beide Eltern können auf Nahrungssuche gehen. Die alleingelassenen Pinguinküken machen es wie die erwachsenen Vögel: sie schützen sich vor zu großem Energieverlust, indem sie mit ihren Altersgenossen eine sogenannte Schildkröte bilden (unten) – eine Formation, die ihren Namen nach einer antiken Kampfaufstellung erhielt, bei der die römischen Legionäre mit nach außen gerichtetem Schild vorrückten.

Folgende Doppelseite: Die Kükenschar ist ständig in Bewegung, so daß die Tiere vom Rand regelmäßig in die warme Mitte gelangen und umgekehrt. Erst wenn die Altvögel bei ihrer Rückkehr nach den Jungen rufen, verlassen diese den schützenden Verband der Gleichaltrigen.

Kaiserpinguin

Aptenodytes forsteri

In der Familie der Pinguine ist der Kaiserpinguin das größte und schwerste Mitglied. Die Gestalt dieses flugunfähigen Vogels ist an ein Leben im Meer in ähnlich perfekter Weise angepaßt wie die der Meeressäuger. Sein spindelförmiger Körper mit dem größten Durchmesser im hinteren Drittel, der kurze Hals, die abstehenden, harten, zu Flossen umgebildeten Flügel und die am Körperende ansetzenden Beine verleihen ihm hervorragende hydrodynamische Eigenschaften.

Seine kurzen, am Ende ausgefransten Federn und sein kleiner, steifer Schwanz reduzieren die Verwirbelungen, die sich bei schneller Bewegung im Wasser bilden und bremsend wirken. Forscher vermuten, daß die wasserabstoßenden Federn des Kaiserpinguins und die Luftschicht darunter beim Schwimmen in Schwingung geraten und dadurch die Bildung solcher Wirbel noch weiter herabgesetzt wird. Da die Knochen des Pinguins im Unterschied zu denen seiner fliegenden Vettern nicht mit Luft gefüllt, sondern massiv und markhaltig sind, hat er ein hohes spezifisches Gewicht, was ihm beim Tauchen zugute kommt.

Dank seiner besonders lichtempfindlichen Augen und dem hohen Auflösungsvermögen seiner Linse kann der Kaiserpinguin in beträchtlichen Tiefen auf Nahrungssuche gehen und macht selbst bei Dämmerlicht noch Beute.

Der schmale, an der Spitze ein wenig abwärts gebogene Schnabel ist im Verhältnis zur Größe des Vogels kurz, doch er leistet vorzügliche Dienste beim Beutefang und kann bei der Fortbewegung auf dem Eis wie ein Eispickel eingesetzt werden. Scharfe Schnabelkanten sowie nach hinten gerichtete Haken an Zunge und Gaumen sorgen dafür, daß der Fischjäger seine glitschige Beute festhalten kann.

Beim Schwimmen und beim Fressen nimmt der Kaiserpinguin wie alle Meeresbewohner erhebliche Mengen an Salzen zu sich, deren er sich wieder entledigen muß, da die Salzkonzentration in seinem Körper niedriger ist als im Meerwasser. Ebenso wie viele andere Meeresvögel besitzt er deshalb besondere Salzdrüsen, die über den Augen liegen und in die Nasenhöhle münden. Die ausgeschiedene Salzlösung läuft durch die Nasenlöcher ab und bildet an der Schna-

KAISERPINGUIN	
Art:	*Aptenodytes forsteri*
Familie:	Pinguine
Ordnung:	Pinguine
Klasse:	Vögel
Merkmale:	Spindelförmiger Körper, zwei paddelförmige Flügel; Kopf und Rücken schwarz, Bauch weiß; gelborange Halsseitenflecke, am Unterschnabel rötlicher Streifen
Maße:	Körpergröße rund 100 cm
Gewicht:	Männchen 35–40 kg, Weibchen 28–32 kg
Verbreitung:	Antarktis
Lebensraum:	Offenes Meer und Packeis
Nahrung:	Fische, vor allem Antarktischer Hering, Tintenfische und Krill
Sozialstruktur:	Sehr gesellig, Paare in Kolonien von mehreren hundert bis zu 100 000 Individuen
Geschlechtsreife:	Männchen mit 4–8 Jahren, Weibchen mit 3–6 Jahren
Fortpflanzung:	April bis Mai
Bebrütung:	62–65 Tage
Ei:	Etwa 450 g schwer
Anzahl der Eier pro Gelege:	1
Lebensdauer:	Mehr als 30 Jahre
Bestand:	300 000–350 000 Brutpaare, stabile Zahlen

belspitze einen Tropfen, den der Vogel durch regelmäßiges Kopfschütteln entfernt.

Um in den eisigen Breiten, die der Kaiserpinguin bewohnt, den Energieverlust möglichst gering zu halten, zeichnen den Vogel verschiedene anatomische Besonderheiten aus, etwa ein spezielles Gefäßsystem in den Flügeln. Dort verlaufen Venen und Arterien dicht nebeneinander, damit sich die Wärme des arteriellen Bluts auf das kalte venöse Blut überträgt, statt „vergeudet“ zu werden, wie das gewöhnlich an den Enden von Gliedmaßen geschieht.

Auch durch die „Schildkröten“-Formation (siehe Seite 76) kann der Kaiserpinguin viel Energie einsparen. Forscher haben errechnet, daß Pinguine, die bei –30 °C eine „Schildkröte“ bilden, nicht mehr Energie verbrauchen, um ihre Temperatur konstant zu halten, als wenn sie bei –5 °C allein auf dem Eis stünden. Wenn sie sich auf diese Weise zusammenscharen, magern sie wesentlich langsamer ab.

Die Fähigkeit des ausgewachsenen Kaiserpinguins, lange Fastenperioden unbeschadet zu überstehen, ist ebenfalls außergewöhnlich. Im ganzen nimmt er die Hälfte des Jahres keine Nahrung zu sich. Das übersteht er nur, weil er sich beträchtliche Fettreserven anfressen kann. Im März, unmittelbar vor seiner viermonatigen Fastenzeit, besitzt ein 38 kg schwerer männlicher Kaiserpinguin 17 kg Muskeln und 11 kg Fettgewebe; den Rest machen Knochen und Eingeweide aus. Gegen Ende der Brutzeit hat er nahezu sein ganzes Fett und sogar einen Teil des Muskeleiweißes verloren. Erstaunlich schnell kann er sich jedoch neue Reserven anlegen.

Auch die Mauser verläuft anders als bei den meisten Vögeln, die ihre alten Federn verlieren, bevor allmählich die neuen nachwachsen. Beim Kaiserpinguin werden die alten Federn von den neuen aus der Haut gedrückt. Sie fallen erst aus, wenn die neuen bereits 1 cm lang und entfaltet sind, so daß keine Stelle des Körpers jemals ungeschützt ist und sich der Wärmeverlust auf ein Minimum beschränkt.

Besondere Merkmale

Färbung

In Gestalt und Gefiederfarbe ähneln sich sämtliche Pinguinarten. Sie tragen alle das gleiche, stark kontrastierende Federkleid – der Rücken ist schwarz, Brust und Bauch sind weiß. Dieser „Frack“ bewirkt, daß sie sich beim Schwimmen und Tauchen, je nach Blickwinkel, weder vom dunklen Meeresboden noch von der hellen Meeresoberfläche abheben und deshalb gegenüber Beutetieren und Feinden besser getarnt sind. Die arttypischen optischen Unterscheidungsmerkmale beschränken sich auf Kopf und Hals, da dies die einzigen Körperteile sind, die beim Schwimmen aus dem Wasser ragen. Der Kaiserpinguin hat einen schwarzen Kopf mit gelborangefarbenen Flecken an den Halsseiten, und an seinem Unterschnabel verläuft ein schmales rötliches Band.

Flügel

Im Lauf der Evolution bildeten sich die Flügel der Pinguine zu steifen Flossen um. Bei diesem Prozeß verschmolzen verschiedene Knochen und flachten sich ab. Im Unterschied zu fliegenden Vögeln, die nur beim Flügelabschlag Vortrieb erzeugen, können die Pinguine dies auch beim Aufschlag und erreichen dadurch eine sehr große Beschleunigung.

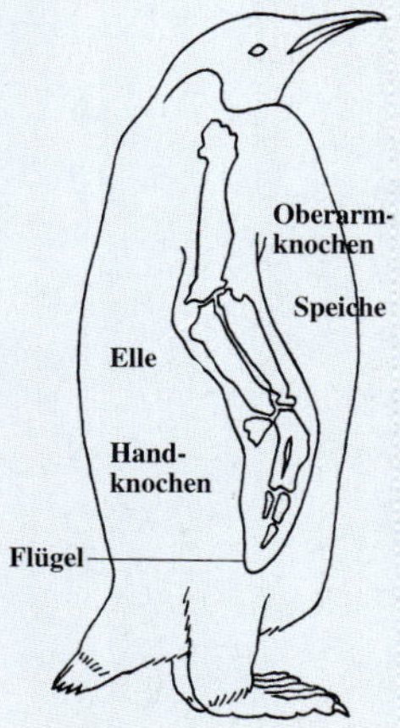

Füße

Zwischen den vier Zehen eines jeden Fußes spannen sich Schwimmhäute, doch dienen die Füße nicht als Antriebsorgan, sondern lediglich als Steuer. Die starken Krallen verleihen dem Kaiserpinguin Trittsicherheit auf dem Eis, und mit ihrer Hilfe schiebt sich der Vogel voran, wenn er bei seinen Wanderungen bäuchlings über das Eis rutscht.

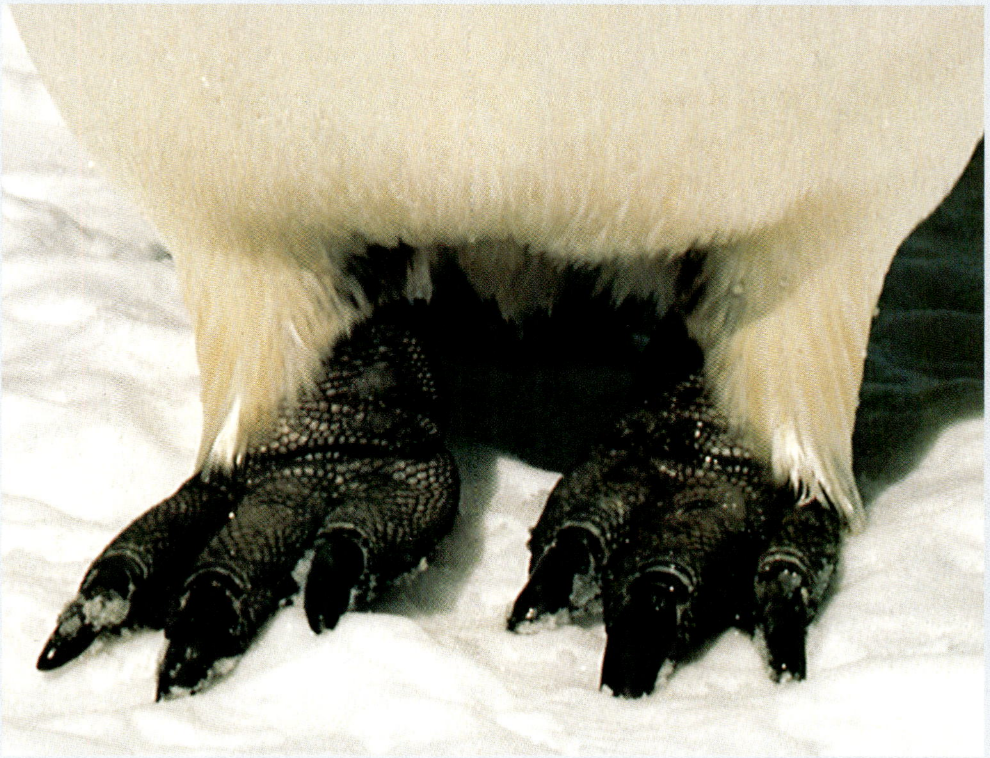

Andere Arten

Die Familie der Pinguine umfaßt sechs Gattungen mit 16 Arten. Allen ist gemeinsam, daß sie nicht fliegen können, aber ausgezeichnete Schwimmer sind. Ihre Nahrung beziehen sie ausschließlich aus dem Meer, wobei Fische, Tintenfische, Krebse sowie Weichtiere auf ihrem Speiseplan stehen. Die auffälligsten Unterscheidungsmerkmale der einzelnen Arten sind neben der Körpergröße das Kopf- und Halsgefieder.

Besonders viele Arten leben auf den Inselketten zwischen Neuseeland bzw. der Südspitze Südamerikas und der Antarktis. Sieben Arten, darunter der Kaiserpinguin und der Adéliepinguin, haben sich an den Küsten der Antarktis angesiedelt. Andere wiederum gelangten mit kalten Meeresströmungen nach Norden: der Humboldt- und der Galapagospinguin kamen mit dem Humboldt- und dem Falklandstrom an die Küsten Südamerikas, der Brillenpinguin mit dem Benguelastrom an die Westküste Südafrikas und der Zwergpinguin mit dem Tasmanienstrom an die Südküste Australiens.

KÖNIGSPINGUIN

Aptenodytes patagonicus

Merkmale: Körpergröße etwa 80 cm, Gewicht 10–20 kg. Ähnelt dem Kaiserpinguin, besitzt jedoch schmalere Halsseitenflecke, die fast bis zu den Augen reichen. Schnabel länger.

Verbreitung: Subantarktische Inseln wie Falklandinseln, Südgeorgien, Süd-Sandwich-Inseln und von der Marioninsel bis zu den Macquarie-Inseln.

Fortpflanzung: Brutpaare verteidigen ein kleines Revier gegen die Nachbarn, die etwa in Schnabelhiebdistanz entfernt stehen. Paarbildung zwischen November und April, Eiablage zwischen Dezember und April des folgenden Jahres; brütet ebenfalls im Stehen. Die Eltern wechseln sich nach ca. 2 Wochen beim Brüten ab. Das eine Jungtier schlüpft ab Ende Januar. Die Aufzucht dauert 10–13 Monate. Wegen der gestaffelten Eiablage und der langen Aufzuchtdauer meist nur zwei Brutzyklen in 3 Jahren. Jungvögel leben ab dem zweiten Monat in einem „Kindergarten". Da sie zwischen April/Mai und Oktober nur selten Nahrung von ihren Eltern erhalten, hören sie auf zu wachsen. Sie verlassen die Brutkolonie zwischen November und dem darauffolgenden März nach der Mauser. Der nächste Brutzyklus beginnt im Lauf des 3. Jahres – Eiablage im Februar, Schlüpfen im April und Selbständigwerden der Jungen im Februar des 4. Jahres.

ADÉLIEPINGUIN

Pygoscelis adeliae

Merkmale: Körpergröße bis ca. 55 cm, Gewicht 4–5 kg. Schwarzer Kopf ohne Scheitel, weißer Augenring, Schnabel kurz.

Verbreitung: Antarktis, Süd-Shetland-Inseln, Süd-Sandwich-Inseln, Süd-Orkney-Inseln und Bouvet-Insel.

Fortpflanzung: Paare besetzen eigene Gebiete und bauen ein Nest. Kurzer Brutzyklus während des antarktischen Sommers: Ablage von zwei Eiern Anfang November, Küken schlüpfen Mitte Dezember. Altvögel füttern regelmäßig ihre Kleinen, die ab dem 20.–25. Lebenstag in einem „Kindergarten" leben. Ende Januar/Anfang Februar beenden die Jungen ihr Wachstum und verlassen nach der Mauser die Brutkolonie.

ESELSPINGUIN

Pygoscelis papua

Merkmale: Körpergröße bis 58 cm, Gewicht 5–7 kg. Breiter weißer Fleck

Gelbaugenpinguin *(Megadyptes antipodes)*

Königspinguin *(Aptenodytes patagonicus)*

über den Augen. Schnabel und Füße leuchtend orange.
Verbreitung: Antarktische Inseln, von den Falklandinseln bis zu den Macquarie-Inseln.
Fortpflanzung: Nestbauer; zwei Junge, die nach durchschnittlich 40 Tagen schlüpfen.

ZÜGELPINGUIN
Pygoscelis antarctica
Merkmale: Körpergröße bis 53 cm, Gewicht rund 4 kg. Schwarze Kappe und weiße Kehle mit einem dünnen schwarzen Kinnstreifen.
Verbreitung: Antarktische Halbinsel und umliegende Inseln; Süd-Shetland-Inseln und Süd-Sandwich-Inseln.
Fortpflanzung: Bauen ein „Nest" aus kleinen Steinchen; zwei Eier.

GELBAUGENPINGUIN
Megadyptes antipodes
Merkmale: Körpergröße 70 cm, Gewicht 5 kg. Bernsteinfarbene Augen, hellgelber Streifen über den Hinterkopf von Auge zu Auge; Schnabel und Füße orangefarben.
Verbreitung: Süden von Neuseeland, Auckland- und Campbellinseln.
Fortpflanzung: Keine Kolonien; sehr scheue Paare, die vor allem auf grasigen Küstenklippen oder in Waldgebieten der gemäßigten Breiten brüten; zwei Eier pro Gelege.
Bedrohung: Gefährdet.

HUMBOLDTPINGUIN
Spheniscus humboldti
Merkmale: Körpergröße ca. 60 cm, Gewicht 3,5 kg. Schmale weiße Zeichen auf dem Kopf; dunkles Brustband, weiße Halbmonde auf den Wangen; Brust dunkel gefleckt.
Verbreitung: Westküste Südamerikas von Chile bis Peru.

MAGELLANPINGUIN
Spheniscus magellanicus
Merkmale: Körpergröße etwa 55 cm, Gewicht 3,5 kg. Ähnlich dem Humboldtpinguin, doch stärker kontrastierende Schwarzweiß-Zeichnung; schwarzes Band unter der Kehle, dunkles Brustband, schwache weiße Halbmonde an den Seiten des Kopfes.
Verbreitung: Südamerika, von Argentinien (Patagonien) bis Chile, Falklandinseln und um Kap Hoorn.
Fortpflanzung: Brütet in Höhlen, die er mit den Füßen selbst gräbt; Kolonien mit bis zu 500000 Tieren.

GALAPAGOSPINGUIN
Spheniscus mendiculus
Merkmale: Körpergröße 40 cm, Gewicht 2,5 kg. Schwarzes Band unter der Kehle, weißer, schmaler Halbmond an den Seiten des Kopfes. Insgesamt weniger kontrastreich gefärbt als die anderen Arten der Gattung *Spheniscus*.
Verbreitung: Galapagosinseln.
Fortpflanzung: Kleine Kolonien; brütet auf Fernandina und Isabela.

BRILLENPINGUIN
Spheniscus demersus
Merkmale: Körpergröße ca. 55 cm, Gewicht 2,8 kg. Ähnelt dem Humboldtpinguin; schwarzes Brustband, auffällige weiße Halbmonde an beiden Seiten des Kopfes.
Verbreitung: Küsten und Inseln von Südafrika bis Namibia.

KRONENPINGUIN
Eudyptes sclateri
Merkmale: Körpergröße etwa 55 cm, Gewicht 4 kg. Über den Augen hellgelbe Federbüschel, die das Tier aufrichten kann.
Verbreitung: Große Brutkolonien auf den Bounty-, Antipoden-, Auckland- und Campbellinseln südlich von Neuseeland.

DICKSCHNABELPINGUIN
Eudyptes pachyrhynchus
Merkmale: Körpergröße ca. 55 cm, Gewicht 4–5 kg. Ähnelt den anderen Schopfpinguinen der Gattung *Eudyptes*; unbefiederter rosa Fleck an der Schnabelwurzel.
Verbreitung: Lockere Brutkolonien in meernahen Waldgebieten auf Neuseeland und den benachbarten Inselchen.

SNARES-DICKSCHNABELPINGUIN
Eudyptes robustus
Merkmale: Körpergröße 60 cm, Gewicht rund 4 kg.
Verbreitung: Brütet ausschließlich auf der kleinen Snares-Insel südlich von Neuseeland.

GOLDSCHOPFPINGUIN
Eudyptes chrysolophus
Merkmale: Körpergröße ca. 55 cm, Gewicht 4,5 kg; Männchen größer als Weibchen.
Verbreitung: Auf den meisten subantarktischen Inseln, von der Antarktischen Halbinsel und den Falklandinseln bis zur Heardinsel.

FELSENPINGUIN
Eudyptes crestatus
Merkmale: Körpergröße 45 cm, Gewicht etwa 2,5 kg; Männchen größer als Weibchen. Gelber Schopf auf dem Kopf. Hüpft mit beiden Füßen gleichzeitig.
Verbreitung: Besiedelt Steilhänge auf zahlreichen subantarktischen Inseln, von den Falklandinseln bis zur Bounty-Insel und zu den nördlicheren Inseln Gough, Tristan da Cunha, Amsterdam und St. Paul.
Fortpflanzung: Brütet bevorzugt auf Klippen und Schutthalden. Zwei Eier unterschiedlicher Größe.

ZWERGPINGUIN
Eudyptula minor
Merkmale: Körpergröße ca. 30 cm, Gewicht 1,2 kg. Graublaues Gefieder, weiß gesäumte Flügelvorderkante. Gesellig, vor allem nachts aktiv.
Verbreitung: Südküste Australiens, Küsten Tasmaniens und Neuseelands.

Kronenpinguin *(Eudyptes sclateri)*

Zügelpinguin *(Pygoscelis antarctica)*

Pinguine in ihrem Lebensraum

Der 14 Mio. km² große antarktische Kontinent ist eine öde Fels- und Eiswüste; nur in einem winzigen Teil davon, an den insgesamt 32 000 km langen Küsten, ist Leben möglich. Etwas besser sind die Bedingungen auf den Inseln, die im subantarktischen Bereich liegen, innerhalb der sogenannten Antarktischen Konvergenz.

Diese Klimagrenze, deren Verlauf während des Jahres schwankt, ist an den deutlich meßbaren Temperaturunterschieden des Meeres abzulesen. Die kalten Wassermassen, die um den südpolaren Kontinent strömen, sinken an der Konvergenz unter das teilweise bis zu 12 °C wärmere Wasser, das nördlich von dieser unsichtbaren Linie fließt. Südlich von ihr ist ganzjährig mit Treibeis zu rechnen, das sich im Sommer vom winterlichen Eisgürtel, der Antarktika vollständig umgibt, löst.

In den Küstenabschnitten des Kontinents, die nur von wenigen Vogelarten, Sturmvögeln und Pinguinen, bevölkert werden, schwanken die Temperaturen zwischen 0 °C im Sommer und –50 °C im Winter. Nur auf der Antarktischen Halbinsel herrscht ein etwas milderes Klima.

Der sehr starke Wind, der über Antarktika weht, erreicht Spitzengeschwindigkeiten von 300 km/h. Messungen ergaben, daß über 1 m² Boden während eines Blizzards mit Windgeschwindigkeiten von etwa 125 km/h in 1 Stunde rund 10 t Eispartikel hinwegfegen.

Das antarktische Festland bietet keinerlei Nahrungsquellen für die Tierwelt. Alles Leben in diesem Ökosystem hängt vom Meer ab, wo die Vermehrungsrate des Planktons – des ersten Gliedes der Nahrungskette – im Sommer ihren Höhepunkt erreicht, da in dieser Zeit die klimatischen Bedingungen am mildesten sind.

Außergewöhnlicher Brutbeginn

Kaiserpinguine, die ohnehin unter extremen Bedingungen leben, sind die einzigen Tiere der antarktischen Fauna, die sich nicht im Sommer, der von Dezember bis März dauert, fortpflanzen, sondern ihren Brutzyklus bei Einbruch des Winters beginnen. Das erscheint zunächst widersinnig, doch bei genauer Betrachtung ist diese Strategie durchaus sinnvoll.

Kaiserpinguine sind sehr große Vögel und haben daher eine recht lange Entwicklungszeit. Ihr Fortpflanzungszyklus erstreckt sich über mehr als 8 Monate (durchschnittlich 250 Tage), eine Spanne, die in keinem Verhältnis zur Kürze des antarktischen Sommers steht. Wenn sich die jungen Pinguine erfolgreich aus der Obhut ihrer Eltern lösen sollen, müssen optimale Lebensbedingungen vorherrschen.

Damit sie möglichst schnell und zum Zeitpunkt des größten Nahrungsangebotes das offene Meer erreichen, müssen sie spätestens im Januar so weit entwickelt sein, daß sie aufbrechen können. Deshalb haben die Kaiserpinguine keine andere Möglichkeit, als ihre Eier im Winter zu legen. Dank ihrer außerordentlichen Widerstandsfähigkeit gegen Kälte und mit monatelangem Hungern überdauern die Altvögel diese schreckliche Jahreszeit in der Antarktis. Dennoch fordern die extremen Bedingungen hohe Opfer

Wohlgenährt genießen die jungen Pinguine im November, zu Beginn des antarktischen Sommers, die Strahlen der Sonne. Schon bald wird für die Küken die elterliche Fürsorge beendet sein. Nach der ersten Mauser, die im Dezember oder Januar erfolgt, machen sie sich auf den Weg zum Meer, das ihnen jetzt reiche Nahrung bietet. Die Altvögel mausern sich im Januar oder Februar.

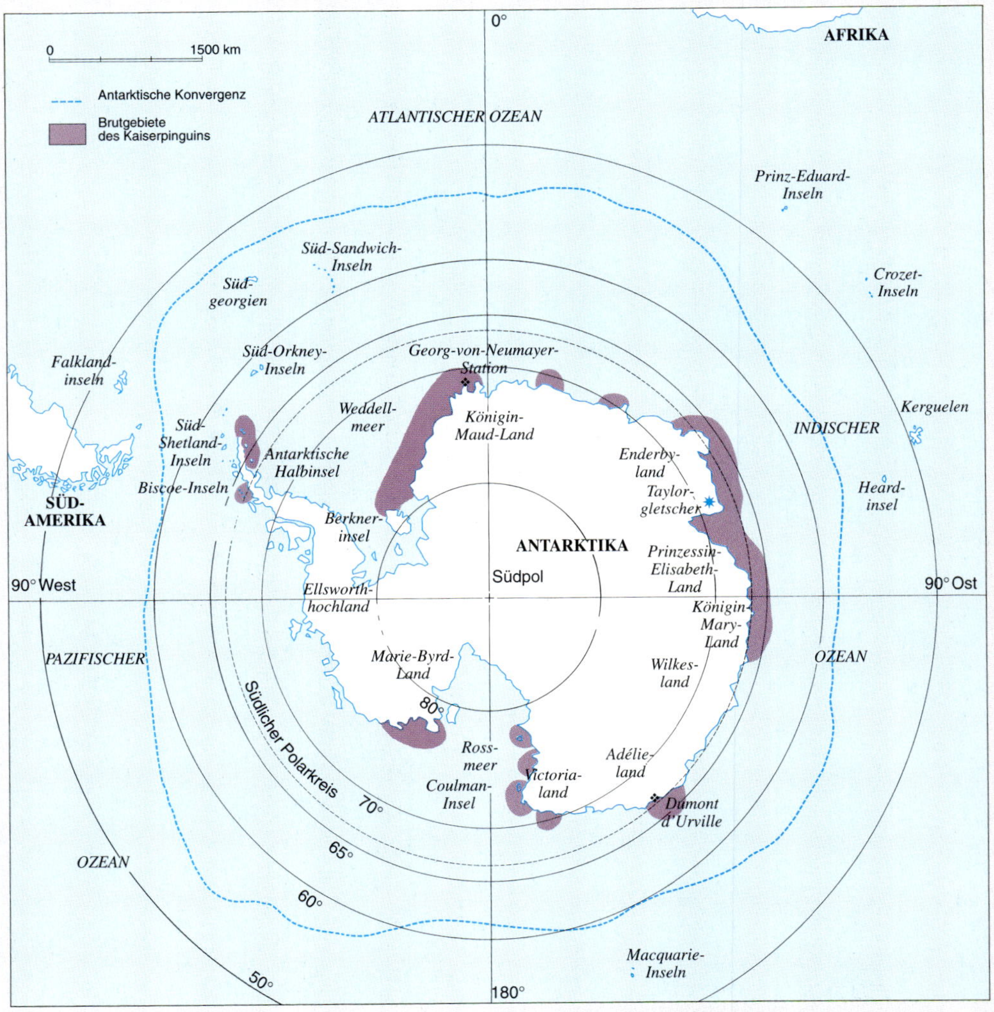

Der Kaiserpinguin ist von allen Pinguinarten am weitesten nach Süden vorgedrungen. Die meisten der etwa 30 Brutkolonien befinden sich auf dem Eis vor den Küsten von Antarktika, zwischen dem 66. und dem 77. südlichen Breitengrad. Lediglich zwei Populationen suchen für das Brutgeschäft festes Land auf. Sie ziehen ihre Jungen auf dem Taylorgletscher und auf der Dion-Insel vor der Antarktischen Halbinsel auf.

unter dem Nachwuchs. In normalen Jahren sterben durchschnittlich 30% der Küken, bevor sie unabhängig sind, und in besonders harten Wintern sogar bis zu 50%.

„Flügge" im Sommer

Das Fasten der Eltern wäre vergeblich, wenn die Jungen nicht früh selbständig würden. Bei den Tierarten, deren Nachkommenschaft während der gesamten Dauer der Aufzucht unter der Obhut der Eltern bleibt, werden die Jungen meist erst dann unabhängig, wenn sie die Größe der erwachsenen Tiere erreicht haben. Für Kaiserpinguine gilt diese Regel nicht; in den Monaten zwischen dem Schlüpfen und dem Brechen des Eises, das den Weg der Jungen zum Meer erleichtert, können die Pinguine ihr Wachstum nicht abschließen. Da der Nachwuchs jedoch im Sommer das offene Meer erreichen muß, verlassen die kleinen Vögel ihre Eltern schon, bevor sie ausgewachsen sind. Wenn sie im Januar am Meer anlangen, bringen sie erst etwa 50% des Gewichtes eines wohlgenährten erwachsenen Kaiserpinguins auf die Waage.

Abhängig von den Strömungen

Insgesamt etwa 30 Brutkolonien von Kaiserpinguinen sind bisher bekannt. Die meisten befinden sich in der Zone zwischen Enderbyland und Königin-Mary-Land. Einige haben sich weiter südlich, vor Victorialand, angesiedelt. Viele Kaiserpinguine betreten ihr Leben lang keinen festen Boden, sondern ausschließlich Eis. Nur zwei Kolonien haben das Land „erobert": die Tiere, die das Inlandeis des Taylorgletschers besiedeln, und die der Dion-Insel vor der Antarktischen Halbinsel.

Die einzelnen Kolonien umfassen unterschiedlich viele Individuen. Bei der Coulman-Insel im Rossmeer beispielsweise leben etwa 100000, auf der Dion-Insel nur rund 300 Tiere. Im Jahr 1990 wurde der gesamte Bestand der Kaiserpinguine auf 300000 bis 350000 Brutpaare geschätzt.

Von Jahr zur Jahr versammeln sich die Vögel an denselben Plätzen, die sich durch bestimmte Eigenschaften auszeichnen. Zum einen müssen es solche Zonen sein, an denen das Eis nicht vorzeitig aufbricht und die Tiere vor den tobenden Seestürmen sicher sind, zum anderen hängt die Wahl des Standortes mit dem Nahrungsangebot des Meeres zusammen. Je mehr Plankton das Wasser enthält, desto stärker vermehren sich die Fische; die Planktonmengen sind allerdings nicht überall gleich verteilt, und in begünstigten Regionen leben im Meerwasser bis zu 33 kg Plankton pro m^3. Solche Mengen von Lebewesen entwickeln sich, wenn unter der Einwirkung von Strömungen, Winden und der Erddrehung kaltes Wasser an die Oberfläche kommt, das besonders reich an Mineralsalzen ist.

Doch nicht nur die Pinguine suchen in diesem Schlaraffenland nach Nahrung, sondern auch ihre Feinde, wie beispielsweise die Seeleoparden, die auf der Suche nach Beute an den Landeplätzen der Vögel patrouillieren.

Nicht mehr allein in der Eiswüste

Sein unwirtlicher Lebensraum bewahrte den Kaiserpinguin bisher weitgehend vor Belästigung durch den Menschen. Doch die Entwicklung der wirtschaftlichen und touristischen Aktivitäten in der Antarktis könnte ihm in der Zukunft gefährlich werden.

Zufällige Entdeckung

Anders als auf der Nordhalbkugel, wo im Polargebiet die Inuit leben, haben sich in der Nähe des Südpols nie Menschen niedergelassen.

Erst im 18. und 19. Jh. begann die Erforschung des sechsten Kontinents. Als James Cook zu seiner zweiten großen Forschungsreise aufbrach, die von 1772 bis 1775 dauerte und ihn in antarktische Gewässer führte, waren Pinguine schon bekannt – auch der Königspinguin, der auf den subantarktischen Inseln brütet. Die beiden Naturwissenschaftler, die Cook mit an Bord seines Schiffes *Resolution* genommen hatte, der deutschstämmige Johann Reinhold Forster und sein Sohn Johann Georg, fertigten auf dieser Reise die Skizze eines Vogels an, den sie für einen Königspinguin hielten. Doch bei aufmerksamem Studium dieser Zeichnung fallen Merkmale ins Auge, die eher auf einen Kaiserpinguin zutreffen. Ohne es zu wissen, waren die Forsters vermutlich die ersten, die einen Kaiserpinguin gesehen hatten. Ihnen zu Ehren erhielt die Art den wissenschaftlichen Namen *Aptenodytes forsteri*.

In den folgenden Jahrzehnten brachten zahlreiche Expeditionen Berichte über diese Vögel mit, aber erst zu Beginn unseres Jahrhunderts stießen Forscher am Kap Crozier auf die erste Brutkolonie. Sie war lange Zeit die einzige, an der die Wissenschaftler Erkenntnisse über die Kaiserpinguine gewinnen konnten.

Seither wurde eine Vielzahl von Forschungsstationen in der Antarktis errichtet, die auch die genaue Untersuchung der Tierwelt zum Ziel hatten. Deutsche Wissenschaftler arbeiten seit 1981 in der Georg-von-Neumayer-Station auf dem Ekström-Schelfeis und veröffentlichten u. a. Arbeiten über Pinguine.

Erschließung eines unwirtlichen Kontinents

Viele Forscher versuchen, noch mehr über den Kaiserpinguin herauszufinden: wie er trotz Hunger und Kälte überleben kann, wie er seinen Grundumsatz – die kleinste Energiemenge, die ein Tier zum Überleben benötigt – regelt und wie es ihm gelingt, mit seinen Eiweißvorräten auszukommen.

Doch gerade die zunehmende Zahl kleiner Siedlungen mit den durch sie verursachten Verschmutzungen des empfindlichen Ökosystems gerät zur Gefahr für die Fauna. Seit der Tourismus die Küsten der Antarktis erreicht hat und die Zahlen der Besucher steigen, die Jahr für Jahr die Eismassen besichtigen, nehmen die Störungen für die Tiere zu. So steht zu befürchten, daß auch die Kolonien der Kaiserpinguine, die bisher aufgrund ihrer abgelegenen Lage verschont blieben, zur Besucherattraktion werden. Dann droht den Pinguinen große Gefahr, vor allem, wenn sie gezwungen werden, ihre Wanderwege zu ändern und sich neue Brutplätze zu suchen. Bislang ist außerdem noch nicht abzusehen, welche Umweltschäden eine systematische wirtschaftliche Ausbeutung der Antarktis nach sich ziehen würde.

Angst vor Flugzeugen

Mit panischer Flucht reagieren beispielsweise Adéliepinguine, wenn Flugzeuge oder Hubschrauber über ihre Wanderwege zwischen Kolonie und Meer hinwegdonnern. Brütende Tiere harren zwar an ihren Plätzen aus, doch steigt ihre Herzschlagfrequenz auf das Doppelte der Ruhefrequenz. Dies führt zu einem erhöhten Energieverbrauch und schlimmstenfalls sogar zum Absterben der Brut. Obwohl der Antarktisvertrag, den alle auf diesem Kontinent forschenden Nationen unterschrieben haben, solche Flüge untersagt, wird dieses Verbot nicht immer eingehalten.

Die französische Station Dumont d'Urville wurde in den 50er Jahren vor allem für die Beobachtung der Pinguine in Adélieland eingerichtet. Im Laufe der Jahrzehnte vergrößerte sie sich durch weitere Einrichtungen für Forschungsarbeiten auf den Gebieten Meteorologie, Ornithologie, Polarmedizin usw. so sehr, daß zur ganzjährigen Versorgung der Mitarbeiter eine Landebahn für schwere Transportflugzeuge gebaut werden sollte. Trotz massiver Proteste von Greenpeace und anderen Organisationen errichteten die Franzosen diese Piste. Während der Bauarbeiten wurden Brutplätze von Sturmvögeln und Adéliepinguinen vernichtet, und der Zugangsweg zu einer in der Nähe befindlichen Kolonie von Kaiserpinguinen führt jetzt genau über diese Landebahn. Die Zahl der Brutpaare in dieser Kolonie hat in den Jahren des Bestehens der Forschungsstation ohnehin schon von ca. 6000 auf etwa 3500 abgenommen, und vermutlich wird sich dieser Prozeß noch beschleunigen. Es bleibt zu hoffen, daß die Tiere andere Wege benutzen, um zu ihrer Kolonie zu gelangen.

Dieser Kaiserpinguin ist im Dienste der Wissenschaft unterwegs. Fahrtenschreiber, Radiosender und weitere Meßsonden sollen den Ornithologen Daten zur Lebensweise dieser hochspezialisierten Vogelart liefern. Tests im Schwimmkanal haben ergeben, daß die Tiere nur geringfügig von ihrer Rückenlast beeinträchtigt werden, so daß recht zuverlässige Meßwerte zu erwarten sind.

MOSCHUSOCHSEN

Gleichmütig trotzen die Hornträger der Arktis den schneidenden Schneestürmen und der lang währenden Dunkelheit des Polarwinters. Im Sommer jedoch beweisen sie, daß Temperament in ihnen steckt: dann donnern die brünstigen Bullen mit ihren Hörnern aufeinander, und die übermütigen Jungtiere erfüllen die eintönige Tundra mit Leben.

Die Moschusochsen sind mit Ziegen und Schafen näher verwandt als mit den Rindern, obwohl ihr Name letzteres nahelegt. Wie Blut- und Chromosomenvergleiche ergaben, gehören sie gemeinsam mit Steinböcken, Ziegen, Tahrs, Mähnenspringern und Wildschafen zur Gruppe der Ziegenartigen.

Vor 5–3 Mio. Jahren, im Pliozän, lebte in den Steppen des nördlichen Zentralasien der älteste eindeutige Moschusochse, eine Art der Gattung *Boopsis*. In der Folgezeit entstanden mehrere Formen, die bis auf eine Art, den heutigen Moschusochsen *(Ovibos moschatus)*, wieder ausstarben. Paläozoologen entdeckten fossile Reste dieser Tiere an zahlreichen Orten, die über die gesamte nördliche Erdhalbkugel verstreut sind. Moschusochsen waren demnach in den vergangenen 3 Mio. Jahren sehr weit verbreitet.

Erst in der Eiszeit verschwand der direkte Vorfahr des heutigen Moschusochsen, die Art *Praeovibos priscus*, von der Erde. Dieses Tier hatte lange, schlanke Hörner und lebte in den gletschernahen Steppengebieten Eurasiens. Sein Nachkomme gehörte bis vor 15 000 bis 10 000 Jahren zum Jagdwild der damaligen Menschen. Davon zeugen zahlreiche Ausgrabungen in Mitteleuropa, Großbritannien und vor allem Frankreich; auch Felszeichnungen aus derselben Epoche, auf denen dieses Horntier dargestellt ist, deuten auf die große Rolle hin, die es im Leben der Menschen der Altsteinzeit spielte. Die frühen Bewohner Osteuropas malten gleichfalls Moschusochsen oder ritzten ihr Abbild in Knochen.

Mit dem Rückzug des Eises am Ende der letzten Eiszeit war das Schicksal dieses großen Wiederkäuers in Eurasien offenbar besiegelt. Doch der Moschusochse war damit nicht ausgestorben – bereits lange vor seinem Verschwinden in der Alten hatte er die Neue Welt erobert.

Vor etwa 90 000 Jahren drang das Huftier von Ostsibirien über die Beringstraße, die damals eine Landbrücke zwischen Asien und Amerika bildete, nach Alaska vor. Von dort aus breitete sich die Art in Kanada und auf den zahlreichen Inseln der Arktis aus und eroberte auch die Ostküste Grönlands.

Heute lebt der Moschusochse auch wieder in einigen Gebieten der Alten Welt. Diese Regionen hat er jedoch nicht auf natürliche Weise erreicht, sondern er wurde von Menschen dort eingesetzt.

Gut eingepackt in ihren langen, dichten Pelz, stapfen die Moschusochsen über den Schnee. Die grimmige Kälte macht ihnen nur wenig aus; als viel unangenehmer empfinden sie dagegen sommerliche Wärme.

Während des arktischen Sommers weiden die Moschusochsen in kleinen Gruppen auf den kargen Steppen der Tundra. Meist handelt es sich um Verbände, in denen ein starker Bulle mehrere Weibchen und Jungtiere um sich geschart hat und nun darüber wacht, daß keine seiner Schutzbefohlenen zu einem anderen Männchen wechselt. In der Brunstzeit muß er seine Herde in kräftezehrenden Kämpfen gegen so manchen jugendlichen Herausforderer verteidigen.

Friedliche Herden, die ihrer Heimat treu bleiben

Moschusochsen suchen die Gesellschaft von Artgenossen; nur junge Bullen, die noch unerfahren sind, und alte, schwache Männchen, die keine Weibchengruppe mehr führen können, ziehen allein umher. Doch selbst diese Tiere schließen sich häufig mit bis zu sechs anderen Junggesellen zusammen. Die Kühe und die Jungtiere leben in Herden, die von einem starken Bullen kontrolliert werden.

Die Größe der Verbände variiert je nach Jahreszeit. Im Frühjahr und im Sommer bestehen sie selten aus mehr als 20 Tieren, doch im September oder Oktober vereinigen sich mehrere Gruppen und nehmen auch die Einzelgänger in ihre Gemeinschaft auf. Die Herden umfassen dann häufig um die 60, manchmal auch bis zu 200 Tiere. In einem solchen starken Verband sind alle besser gegen ihre Hauptfeinde, die Wölfe, geschützt, die ihnen besonders im Winter zusetzen.

Obwohl die Herden fest zusammenhalten, wechseln gelegentlich einzelne Moschusochsen in eine andere Gruppe. Manche Verbände bleiben monatelang unverändert, in anderen ist die Zusammensetzung nur wenige Tage stabil. Innerhalb der Herde herrscht eine klare Rangordnung, die vom Alter und vom Geschlecht abhängt; die älteren Tiere stehen im Rang grundsätzlich über den jungen, und die Bullen dominieren die Kühe.

Moschusochsen sind in der Regel ortstreu: sie bleiben ihr ganzes Leben in derselben Region. Anders als die Rentiere (siehe Seite 57) unternehmen sie keine großen Wanderungen. Von September bis Juni ziehen die Herden statt dessen gemächlich von einer Weide zur anderen, ohne dabei einer festen Route zu folgen.

Chef einer Weibchengruppe: eine heiß umkämpfte Position

Im Mai lösen sich die Rudel auf. Dann werden die Bullen, die im Winter friedlich zusammengelebt haben, zu Rivalen. Zunächst versuchen die starken Männchen, andere Bullen von den Weibchen zu verjagen, und werden dabei immer kampflustiger. Die Spannung zwischen den Tieren erreicht ihren Höhepunkt bei Beginn der Brunst im Juli. Wenn die Konkurrenten sich nicht so einfach vertreiben lassen, kommt es zu kräftezehrenden Duellen (siehe Kasten).

Im August schließlich, wenn die Kühe paarungsbereit sind, streiten die Bullen einen großen Teil des Tages mit Gebrüll um die Weibchen, die derweil ungerührt grasen und sich um die Turniere nicht weiter kümmern. Sie akzeptieren den Sieger als Chef ihrer Herde.

Wer ist der Stärkste?

In den Kämpfen während der Brunst messen die Bullen ihre Kräfte. Nach einem tiefen Brüllen gehen sie mit gesenktem Schädel drohend auf ihren Gegner zu. Wenn sie einen Abstand von etwa 60 m erreicht haben, heben sie den Kopf und drücken das Maul gegen die Brust, so daß die Stirn mit den breiten Hornbasen vorsteht. Dann galoppieren die Rivalen aufeinander zu und prallen weithin hörbar mit voller Wucht gegeneinander. Diese Zusammenstöße wiederholen sie so lang, bis einer der Widersacher aufgibt.

Während die Stirn alter Bullen von den breiten Hornbasen bedeckt ist, trägt die der Weibchen (unten) weiße Haare.

Das junge Männchen (rechts) scheuert sich genüßlich an einem Felsen, um den Haarwechsel zu forcieren.

Ein horngespickter Verteidigungswall

Während die Männchen der Moschusochsen in der Brunst beeindruckende Kräfte entwickeln und äußerst gefährlich für andere Bullen, aber auch für Menschen sind, gehören diese Tiere in den Wintermonaten zu den Phlegmatikern. Sie lassen sich durch nichts aus der Ruhe bringen. Allerdings können sie selbst bei Gefahr nicht schnell reagieren und deshalb leicht von einem Feind überrumpelt werden.

Wenn ein einzelner Moschusochse von Wölfen angegriffen wird, hat er nur ein Mittel, sich zu verteidigen: er versucht, den Angreifer mit seinen spitzen Hörnern zu verletzen. Gegen ein ganzes Wolfsrudel auf diese Weise anzukämpfen, ist allerdings sehr schwierig. In der Gruppe können die Hornträger den Feind jedoch wirksam abwehren, indem sie einen Schutzwall bilden (siehe Kasten).

Am häufigsten fallen Jungtiere den Wölfen zum Opfer, wenn sie sich unvorsichtigerweise von der Herde entfernen oder von den Räubern isoliert werden. Die Kälber drücken sich deshalb bei Gefahr ganz eng an ihre Mütter.

Mit Gleichmut und dickem Fell gegen Schneestürme

Die Moschusochsen sind den heftigen Stürmen des arktischen Winters schutzlos ausgeliefert. Gerade an den Stellen, die ihnen noch genügend Nahrung bieten, wehen die Winde am heftigsten. Dank ihres mächtigen Haarkleides leiden die Tiere jedoch unter diesem rauhen Klima kaum.

Nur die Kälber, deren kurzes Fell sie noch nicht ausreichend gegen die Kälte isoliert, sind in Gefahr. Um den Nachwuchs zu schützen, nimmt die Herde bei einem nahenden Orkan eine ganz besondere Formation ein. Die erwachsenen Tiere stellen sich dann in einem Kreis auf und nehmen die Jungen in ihre Mitte. Dem Sturm wenden sie das Hinterteil zu. Gleichzeitig rücken die Tiere eng zusammen, so daß sie sich gegenseitig wärmen.

Keine Chance für Wölfe

Wenn sich ein Wolfsrudel nähert, stellen sich die Moschusochsen zunächst in einer Reihe auf (A). Versucht das Rudel, die Herde einzukreisen, bildet sie einen Ring, und die Tiere richten ihre Hörner den Raubtieren entgegen (B). Ihr empfindlichster Körperteil, die Kruppe, ist so am besten geschützt. Aus dem geschlossenen Kreis können nun abwechselnd einzelne Tiere den Gegner angreifen.

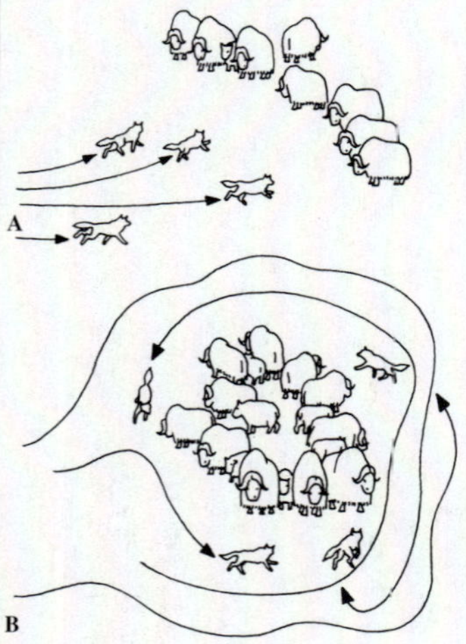

In der kalten Jahreszeit suchen auch die Bullen, die im Sommer äußerst aggressiv auf Geschlechtsgenossen reagieren, die Gesellschaft anderer Moschusochsen. Hier hat sich eine Gruppe von Bullen gebildet, die gemeinsam nach Nahrung unter der Schneedecke sucht. Auf einer erhöhten Stelle haben die Tiere einen guten Überblick über die Umgebung und können so herannahende Gefahren, vor allem jagende Wolfsrudel, rechtzeitig ausmachen.

Die langen, spitzen Hörner der Moschusochsen können ihren Feinden durchaus gefährlich werden. Jedes Raubtier, das dieser Phalanx wehrhafter Hornträger zu nahe kommt, läuft Gefahr, ohne Vorwarnung angegriffen und getötet zu werden. Je größer die Herde, desto wirksamer ist ihre Verteidigung und damit die Sicherheit für das einzelne Tier. Besonders Kälber und alte oder schwache Exemplare sind auf diesen Schutz angewiesen.

Sorglose Jugend im arktischen Sommer

Nach einer Tragzeit von rund 8 Monaten bringt die Kuh ein Junges zur Welt, nur selten Zwillinge. Die meisten Kälber werden von Ende April bis Mitte Mai geboren, wenn die Temperaturen steigen. Stets gebären die Mütter ihre Jungen im schützenden Ring der Herde.

Bereits wenige Stunden nach der Geburt kann das Kleine schon auf seinen Beinen stehen und der Kuh nachlaufen. Im Alter von 1 Woche beginnt es, neben der Milch feste Nahrung aufzunehmen. Das dichte Fell, das den ganzen Körper des jungen Moschusochsen vom 1. Lebenstag an bedeckt, schützt ihn gut vor der Kälte; Ende April können die Temperaturen durchaus noch auf −30 °C sinken. Die größte Gefahr für das Junge ist allerdings nicht die Kälte, sondern die Feuchtigkeit. Wenn sein Haarkleid naß wird und nicht trocknen kann, isoliert es nicht mehr, und das Tier stirbt an Unterkühlung.

Im Unterschied zu Rentieren, die in der Regel jedes Jahr werfen, setzen die Moschusochsen im allgemeinen nur alle 2 Jahre ein Kalb. Die Jungtiersterblichkeit ist bei den Moschusochsen dafür wesentlich geringer, da der Nachwuchs lange gesäugt und von der Herde gut geschützt wird.

Verspielte Jungtiere

In den ersten Lebenswochen bleibt das Moschusochsenkind dicht an der Seite seiner Mutter. Danach beginnt es, seine Umgebung zu entdecken, entfernt sich aber nie aus der Sichtweite der Herde. Schnee- und Eisflächen sind seine Spielplätze, auf denen es andere Kälber seines Alters trifft. Mit diesen nimmermüden Spielgefährten galoppiert es um die Herde herum und übt sich in Scheinkämpfen. Beim geringsten Anzeichen von Gefahr flüchtet es jedoch sofort zur Mutter und schmiegt sich an sie.

Wenn das Jungtier etwa 1 Jahr alt ist, wird es entwöhnt. Immer seltener duldet die Kuh die Versuche ihres Jungen, an ihrem Euter zu saugen, und jagt das Kalb unwillig mit Kopfstößen weg.

Weibliche Moschusochsen werden mit 2–3 Jahren geschlechtsreif, männliche mit 5–6 Jahren. In diesem Alter verlassen die Tiere die Herde, in der sie geboren wurden, so daß Inzucht weitgehend verhindert wird. Die Kühe schließen sich einem erfahrenen Männchen und dessen Gruppe an, und die Bullen bilden Junggesellenverbände. Dort bleiben sie so lang, bis sie die Erfahrung und Kraft haben, eine eigene Herde zu leiten und sich gegen Rivalen zu behaupten.

Nur wer sich in Geduld übt, wird erhört

Eine Kuh zur Paarung zu „überreden“, ist auch für den imposantesten Bullen eine Geduldsprobe. Zunächst folgt er ihr (1); hat er sie eingeholt, beriecht er sie und flehmt (2). Wenn sie stehenbleibt, versucht er, sie zu besteigen (4), doch meist läuft die Bedrängte einige Schritte weiter, so daß er von ihrem Rücken herabrutscht. Dann beginnt das männliche Tier nochmals von vorne (3). Nach zahlreichen vergeblichen Anläufen – Forscher haben schon mehrere hundert gezählt – gestattet das Weibchen seinem unermüdlichen Bewerber schließlich die Paarung (5).

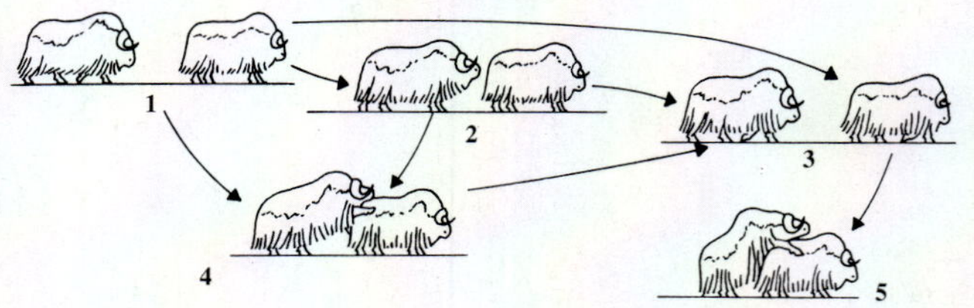

Ihr dichtes Fell schützt die neugeborenen Moschusochsen vor der klirrenden Kälte der Arktis. Wenn Schnee und Frost ihnen zu sehr zusetzen, flüchten sie sich unter den Bauch ihrer Mutter, wo sie ein Vorhang aus langen Haaren vor den Unbilden des Wetters schützt.

Je älter die Jungen werden, um so selbständiger sind sie; immer öfter verlassen sie jetzt ihre Mütter, um sich mit Gleichaltrigen in ausgelassenen Spielen zu vergnügen. Sie verfolgen sich gegenseitig, wälzen sich im Schnee und absolvieren die ersten unbeholfenen Kampfübungen. Ihre Hörner wachsen zwar schon im 1. Lebensjahr, bleiben jedoch in den ersten Monaten noch im wuscheligen Fell verborgen. Die Kühe behalten ihren Nachwuchs allerdings ständig im Auge, denn je weiter sich die übermütigen Kleinen von der Herde entfernen, desto eher können sie von Wölfen erbeutet werden.

Weiden, deren Zweige, Knospen und Blätter die Tiere verzehren, gehören das ganze Jahr über zu den wichtigsten Nahrungspflanzen der Moschusochsen. Sie ragen auch im Winter über die Schneedecke und sind damit leichter zu erreichen als beispielsweise Gras. Weite Teile der Tundra sind mit diesen widerstandsfähigen Sträuchern bedeckt, die in diesem rauhen Klima und auf den Dauerfrostböden jedoch nicht so hoch werden wie die Weiden der gemäßigten Breiten.

Spärliche Nahrung in der kargen Tundra

Moschusochsen sind reine Vegetarier. Ihre Nahrung wechselt jedoch je nach Jahreszeit und Angebot. Die Tundra bietet in der Wachstumsphase der Pflanzen, die im hohen Norden nur etwa 3 Monate dauert, ausreichend Futter für die genügsamen Wiederkäuer; in der übrigen Zeit müssen sie aber mit allem, was sie finden, vorliebnehmen.

Die Tiere nehmen ihre Nahrung wie Rinder auf: sie legen die Zunge um ein Grasbüschel oder einen Zweig und trennen den Bissen mit den Schneidezähnen des Unterkiefers ab. Wenn sie sich den Magen gefüllt haben, legen sich die Moschusochsen nieder, um ausgiebig wiederzukäuen. Phasen der Nahrungssuche und der Ruhe wechseln alle 2–3 Stunden ab, und sämtliche Mitglieder der Herde folgen dem gleichen Rhythmus.

Zur Nahrungssuche wandern die Moschusochsen in den Sommermonaten durch ihre Weidegebiete, indem sie Flußtälern folgen und sich an Seeufern entlangbewegen. So legen die Hornträger in 1 Woche bis zu 30 km zurück. Im Winter bleiben die Herden meist an ihren bevorzugten Weideplätzen.

Abgestorbene Pflanzen unter dem Schnee – kein üppiges Mahl

Im Polarwinter ist es schwierig, überhaupt genügend Futter zu finden: Schnee und Eis sowie die Dunkelheit erschweren die Suche nach Genießbarem. In dieser Zeit müssen die Moschusochsen Stellen suchen, an denen die Schneedecke dünn ist, um nicht zuviel Energie mit dem Freischarren von Gras zu verschwenden. Besonders wenig Schnee liegt auf den Flächen, die dem Wind am stärksten ausgesetzt sind, da die Flocken bald wieder weggeweht werden. Weit weniger Mühe bereitet den Moschusochsen das Äsen an Sträuchern und an kleinwüchsigen, verholzten Pflanzen, vor allem Weiden und Heidekrautgewächsen.

Kritisch wird die Lage für die Tiere, wenn sehr viel Schnee fällt, denn dann gelangen sie nicht mehr an die Nahrung. Dies kommt in der arktischen Tundra glücklicherweise recht selten vor. Die Menge der winterlichen Niederschläge bestimmt deshalb, wo diese Hornträger leben können.

Nicht nur viel Schnee kann den Moschusochsen gefährlich werden, sondern auch Regenfälle mit anschließendem Frost. Sie führen dazu, daß sich auf dem Boden eine Eiskruste bildet, die die Tiere nicht mehr aufbrechen können. Unter solchen ungünstigen Bedingungen, wie sie beispielsweise in Ostgrönland alle 50–60 Jahre herrschen, stirbt regelmäßig ein großer Teil der Moschusochsenpopulation.

Ende Mai, wenn die Vegetation zu sprießen beginnt, ist die Zeit der Entbehrungen vorbei; die Pflanzen und die abgemagerten Tiere erwachen zu neuem Leben. Nun können sie unter den verschiedensten Nahrungspflanzen das auswählen, was ihnen am besten schmeckt: Gräser, Seggen, Läusekraut, Weidenröschen und Weiden.

Gras bildet die Hauptnahrung der Moschusochsen. Selbst am Ende des Winters, wenn es trocken und verwelkt ist, können die Tiere noch die Nährstoffe nutzen, die in den abgestorbenen Blättern gespeichert sind.

▶ Die Beine fest in den Boden gestemmt, halten diese vier kampferprobten Bullen jedem Angreifer stand.

Moschusochse

Ovibos moschatus

Der Moschusochse gehört zur Paarhuferfamilie der Hornträger, deren Kopfschmuck im Unterschied zu dem der Hirsche eine Hornscheide besitzt und nicht abgeworfen wird. Obwohl der Name dieser Art eine Verwandtschaft mit den Rindern nahelegt, ist sie näher mit den Ziegenartigen verwandt. Der Namensbestandteil „Moschus" weist auf den eigentümlichen Geruch hin, den der Bulle während der Brunstzeit verströmt. Der Duftstoff wird in der Voraugendrüse gebildet, und das Männchen verteilt ihn auf seinen Vorderbeinen, indem es diese an der Drüse reibt. Trotz der Bezeichnung hat das Sekret allerdings nichts mit echtem Moschus zu tun; dieser ist das Sekret des Moschusbeutels des Moschustieres *(Moschus moschiferus)*, einer kleinen asiatischen Hirschart.

Der Körper des Moschusochsen wirkt gedrungen; diesen Eindruck verstärkt noch das lange, voluminöse Fell, das bis zum Boden herabhängt und die Beine weitgehend verdeckt. Unter den 50–60 cm langen Grannenhaaren liegt eine dicke Schicht Unterwolle, die bis 7 cm lang wird. Dieses wärmende Haarkleid hüllt den ganzen Körper des Tieres bis auf die Lippen und Nüstern ein. Am weißbehaarten Maul und an den Füßen ist das Fell weni-

	MOSCHUSOCHSE
Art:	*Ovibos moschatus*
Familie:	Hornträger
Ordnung:	Paarhufer
Klasse:	Säugetiere
Merkmale:	Kompakter Körper mit dunkelbraunen, sehr langen Haaren; an Stirn, Beinen und Rücken heller gefärbt. Schwanz nicht sichtbar. Stark entwickelte, an den Spitzen nach oben gebogene Hörner, beim Bullen an der Basis sehr breit
Maße:	Kopf-Rumpf-Länge 1,60–2,50 m, Schwanzlänge 6–20 cm
Gewicht:	Männchen 265–400 kg, Weibchen 160–300 kg
Verbreitung:	Nördliches Kanada, arktische Inseln, Grönland; eingeführt in Sibirien, Alaska, Norwegen und Schweden
Lebensraum:	Tundra der Arktis
Nahrung:	Gras, Kräuter, Weiden
Sozialstruktur:	Gemischte Herden; daneben männliche Einzelgänger und Junggesellengruppen
Geschlechtsreife:	Weibchen mit 2–3 Jahren, Männchen mit 5–6 Jahren
Fortpflanzung:	Im August
Tragzeit:	Durchschnittlich 8 Monate
Anzahl der Jungen pro Geburt:	1, selten 2
Lebensdauer:	25–35 Jahre
Bestand:	Etwa 80 000 Tiere
Bedrohung und Schutz:	In Kanada seit 1917 und in Grönland seit 1974 streng geschützt

Widerrist

Bei Bullen etwa 1,50 m hoch; buckelförmig, ähnlich wie bei einem Bison.

ger dicht. Eine regelrechte Mähne bilden die langen Grannenhaare der Schulterpartie. Ende April bis Mitte Juni wechselt das Tier sein Fell. Dabei lösen sich die Wollhaare zuerst ab und werden von den Grannenhaaren, die später ausfallen, festgehalten, so daß das Fell vorübergehend sehr zottig wirkt.

Sehvermögen, Gehör und Geruchssinn sind beim Moschusochsen sehr gut entwickelt. Alle diese Sinne setzt das Tier auch bei der Verständigung mit Artgenossen ein.

Die Unterarten

In ihrer Größe, ihrer Färbung und der Form ihrer Hörner unterscheiden sich die drei Unterarten des Moschusochsen.

Barren-Ground-Moschusochse *(Ovibos moschatus moschatus)*. Größte Unterart; Fell einfarbig dunkelbraun, Hörner sehr dunkel. In Nordkanada.

Hudsonbai-Moschusochse *(Ovibos moschatus niphoecus)*. Fast schwarzes Fell, Kühe und Jungtiere mit weißer Stirn, Hörner heller und kleiner als bei der vorigen Unterart. In einem kleinen Areal nahe der Hudsonbai.

Grönland-Moschusochse *(Ovibos moschatus wardi)*. Die kleinste Unterart; Haare an der Stirn, am Oberkopf und an den Beinen hell; Hörner schmutziggelb. In Grönland und auf den Inseln der Arktis.

Hörner
Beim Bullen an der Basis sehr breit; am Ende nach oben gebogen und spitz.

Beine
Wirken durch das lange zottelige Fell kürzer, als sie tatsächlich sind.

Besondere Merkmale

Hörner
Beide Geschlechter tragen Hörner, doch die der Männchen sind wesentlich eindrucksvoller. Die Hornbasen bilden auf dem Schädel einen breiten Schild (siehe Grafik unten); hinter den Augen legen sich die Hörner seitlich um den Schädel, biegen sich nach vorn und wachsen schließlich mit den Enden nach oben. Einjährige Männchen tragen etwa 8 cm lange Hörner, und bei 3 Jahre alten Tieren sind sie schon fast 50 cm lang. Im 4. Lebensjahr trennt die Hornbasen nur noch ein schmaler Fellstreifen über der Stirn (Foto links). Die Tiere sind zwar in diesem Alter bereits geschlechtsreif, doch erst 2 Jahre später, wenn ihre Hörner die endgültige Größe erreicht haben, können sie mit anderen Bullen konkurrieren.

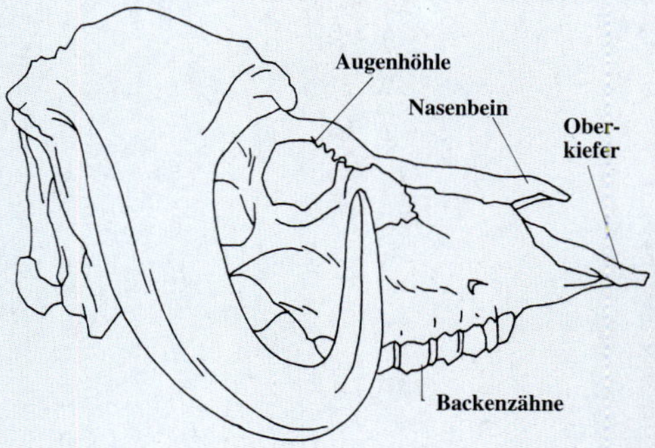

Schädel
Wie alle Wiederkäuer besitzen die Moschusochsen im Oberkiefer keine Schneide- und Eckzähne, sondern eine wulstförmige Hornleiste. Ihre Backenzähne haben hohe Kronen, die durch das Zermahlen der harten Pflanzennahrung stark abgenutzt werden. Dieser Verschleiß bestimmt die maximale Lebensdauer des einzelnen Tieres. Die Augenhöhlen weisen eine Besonderheit auf: ihre knöchernen Wände sind weit über die Schädeloberfläche hinaus verlängert. Dies führt dazu, daß die Augen etwas vorstehen.

Hufe
Die breiten blauschwarzen Hufe der Moschusochsen sind gut zum Scharren im Schnee geeignet und verhindern, daß die schweren Tiere im Schnee versinken.

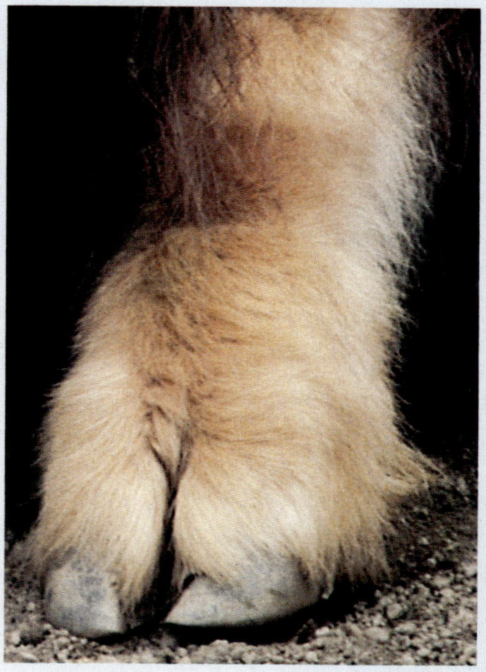

Moschusochsen in ihrem Lebensraum

Die Tundra wird von den Geobotanikern in verschiedene Zonen eingeteilt. An die Taiga, die Nadelwaldzone der nördlichen Breiten, grenzt im Norden die Waldtundra, eine Steppenlandschaft mit niedrigen Sträuchern, in der verstreut Nadelbäume, Pappeln und Birken wachsen. An diese Vegetationszone schließt sich die Moos- und Flechtentundra an, in der neben Gräsern Moose und Flechten dominieren.

Der wichtigste Lebensraum der Moschusochsen ist diese baumlose Tundra, die in ihrem südlichen Teil von zahlreichen Zwergsträuchern bewachsen ist. Dazu gehören auch Zwergweiden, die einen großen Teil der Nahrung dieser Tiere ausmachen. Nördlich davon beginnt die Arktische Tundra, deren Pflanzendecke bereits sehr schütter ist. Selbst unter den extremen Bedingungen, die in dieser Zone herrschen, können die Moschusochsen noch leben – nicht allerdings in den warmen, feuchten Gebieten südlich des 60. Breitengrades.

Da die Moschusochsen in Regionen mit ausgiebigen Schneefällen während des Winters nicht genügend Nahrung finden, ist ihre Verbreitung auf die trockenen Zonen der Arktis begrenzt. Selbst in den Gebieten, in denen so wenig Niederschlag fällt wie in einer Wüste, fühlen sich die Tiere noch wohl. Sie sind jedoch unfähig, sich an feuchte Witterung zu gewöhnen. Versuche, Moschusochsen auch in Eurasien heimisch zu machen, etwa auf Island oder Spitzbergen, schlugen aus diesem Grund fehl.

Zu den unangenehmsten Erscheinungen der Arktis gehören die eisigen Schneestürme, die mit Windgeschwindigkeiten bis 60 m/s ungebremst über die baumlosen Flächen fegen. Während die Pflanzen unter der Schneedecke vor der Kälte geschützt sind, müssen die Moschusochsen dem Wetter standhalten. Sie sind die einzigen Huftiere, die auch im strengsten Winter im hohen Norden bleiben; die Rentiere, die ebenfalls in der arktischen Tundra leben, wandern in der kalten Jahreszeit in mildere Regionen ab.

Kälte und Frost als Konservierungsmittel

Daß Temperaturen unter 0 °C Lebensmittel lange frisch halten, wissen wir aus eigener Erfahrung. Von dieser Tatsache profitieren auch die Pflanzenfresser der Arktis, vor allem die Moschusochsen. In ihrem Lebensraum wachsen die Pflanzen sehr spärlich. Die Blütenpflanzen haben nur etwa 3 Monate Zeit, um auszutreiben, zu blühen und Samen zu bilden. Für den Rest des

In Westkanada besiedeln die Moschusochsen auch Gebiete in der Waldtundra. Dort sind die Steppen mit zahlreichen Bäumen durchsetzt. Nur wenige Baumarten vertragen allerdings die harten Bedingungen des arktischen Klimas, in dem der Boden auch in den wärmsten Monaten des Jahres nur oberflächlich auftaut und in dieser Zeit eine Wasserversorgung der Pflanzen gewährleistet. In den südwestlichen Bereichen des natürlichen Verbreitungsgebietes der Moschusochsen wachsen verschiedene Fichten- und Pappelarten sowie die Papierbirke. Sie gewähren den Moschusochsen einen gewissen Schutz vor dem arktischen Winter.

Moschusochsen halten sich vorwiegend in der baumlosen Tundra auf, in der die Durchschnittstemperatur selbst im wärmsten Monat des Jahres unter 10 °C liegt (10 °C-Juli-Isotherme). Das natürliche Verbreitungsgebiet dieser Hornträger, das während der Eiszeiten auch weite Teile Eurasiens umfaßte, ist heute auf den Norden Kanadas sowie auf den Nordosten Grönlands und die arktischen Inseln beschränkt. In Skandinavien und Sibirien leben mittlerweile wieder Moschusochsen; sie wurden allerdings von Menschen dort ausgewildert. Auch in Alaska, wo die Art erst 1865 ausstarb, sind sie in diesem Jahrhundert mit Erfolg wieder eingeführt worden.

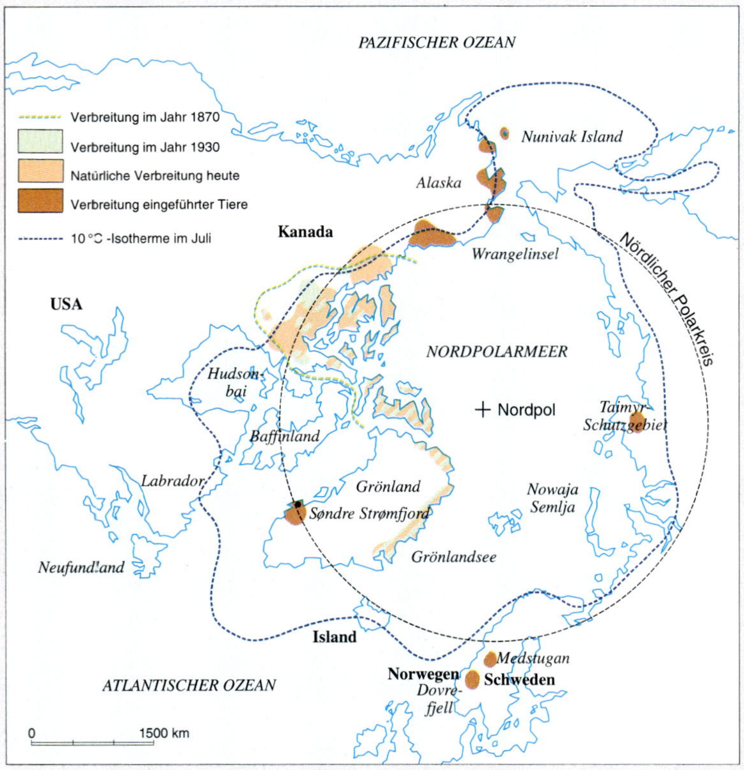

Jahres erstarren die oberirdischen Pflanzenteile der Gräser und Kräuter in Frost und Eis.

Diese Kälte läßt die grünen Pflanzenteile absterben und verhindert gleichzeitig, daß sie von Pilzen, Bakterien und Kleintieren zersetzt werden; sie konserviert die Nährstoffe. Außerdem bewirkt die Schneedecke, daß die Feuchtigkeit aus den erstarrten Blättern nicht verdunstet, so daß sie immer frisch bleiben. In diesem riesigen Kühlraum verfügen die Moschusochsen im Winter über eine Speisekammer, deren schützende Hülle sie nur mit ihren scharfkantigen Hufen öffnen müssen. Sie graben dazu große Löcher, die bis zum Boden reichen.

Sehen in der langen Nacht

Jenseits des Polarkreises scheint die Sonne im Sommer 24 Stunden lang, und im Winter geht sie dafür überhaupt nicht auf. Je weiter man nach Norden vorstößt, desto länger werden diese Phasen. So dauert beispielsweise am 70. Breitengrad, der die nördliche Küste Norwegens streift, die Zeit der Mitternachtssonne vom 20. Mai bis zum 24. Juli

und die sonnenlose Zeit von Ende November bis Ende Januar. An der nördlichen Verbreitungsgrenze der Moschusochsen geht die Sonne vom 10. April bis Ende August überhaupt nicht unter und bleibt vom 22. Oktober bis zum 1. März unsichtbar.

Diese Verhältnisse erfordern von den Tieren, die in dieser Zone leben, daß sie bei Dunkelheit und bei großer Helligkeit gut sehen. Auch die Moschusochsen besitzen diese Fähigkeit. Allerdings herrscht selbst in der dunklen Jahreszeit keine rabenschwarze Nacht, da der Schnee das Licht von Mond und Sternen reflektiert.

Ein perfektes Heizungssystem

Nicht nur das Sehvermögen der Moschusochsen ist den extremen Bedingungen der Arktis angepaßt, sondern auch ihr Wärmehaushalt. So speichert ihr dickes Fell ein beachtliches Luftpolster, das isolierend wirkt; es verhindert, daß der Körper zuviel Wärme über die Haut verliert und daß die gefährliche Kälte bis zur Haut vordringt. Wissenschaftler stellten beispielsweise fest, daß in diesem Fellmantel bei einer Außentemperatur von –26 °C noch 2 °C zu messen sind.

Dieses System der Temperaturregulation funktioniert allerdings nur bei trockener Kälte. Wenn es regnet, kann das Haarkleid bis zur Unterwolle durchnäßt und damit lebensgefährlich werden; bei plötzlich fallenden Temperaturen gefriert das Wasser, und die Tiere sterben an Unterkühlung. Gelegentlich ist es sogar vorgekommen, daß sich Moschusochsen mit nassem Fell hinlegten und vom Frost überrascht wurden, so daß ihre langen Haare am Boden festfroren und sie sich nicht mehr befreien konnten.

Doch auch große Wärme vertragen die Moschusochsen schlecht. Wenn die Sommersonne auf ihr dunkles Fell scheint, heizt sich dieses auf und hält die Wärme fest; Schatten, in den die Moschusochsen vor den Sonnenstrahlen flüchten könnten, gibt es in ihrem Lebensraum gewöhnlich nicht. Da sie fast keine Schweißdrüsen besitzen, können sie überschüssige Wärme auch nicht durch Verdunstung von Schweiß abgeben und leiden deshalb häufig an Überhitzung. Wenn irgend möglich, legen sie sich daher an warmen Tagen auf Schneefelder, um sich abzukühlen.

Sogar die Trägheit der Moschusochsen ist eine Anpassung an das karge Leben im Polargebiet. Indem sie überflüssige und schnelle Bewegungen unterlassen, vermeiden sie Energieverschwendung, die sie sich wegen ihrer nährstoffarmen Nahrung nicht leisten können.

Interne Vitaminversorgung

Selbst der Stoffwechsel der Hornträger weist einige Besonderheiten auf, mit denen die Mängel des kargen Futters kompensiert werden. Die abgestorbene Vegetation enthält beispielsweise nur sehr wenige Vitamine; vor allem die lebenswichtigen Vitamine der B-Gruppe sind darin nicht in ausreichender Menge enthalten. Die Moschusochsen erschlossen sich zum Ausgleich Quellen besonderer Art. Die Vitamine werden von Mikroorganismen gebildet, die die Wiederkäuer in ihrem Verdauungstrakt beherbergen.

Diese Symbionten, Einzeller und Bakterien, die den Huftieren beim Aufschließen der Nahrung helfen, benötigen ihrerseits Stickstoff zur Synthese von Eiweißen und anderen Substanzen. Da die Nahrung der Tundrabewohner nur wenig Stickstoff enthält, gewinnen die Moschusochsen dieses Element aus den Abfallprodukten ihres eigenen Stoffwechsels zurück und führen es ihren Symbionten wieder zu. Diese Fähigkeit besitzen auch Rentiere.

Die Umrisse der gemächlich grasenden Moschusochsen sind in der unendlichen Weite der Tundra kaum auszumachen.

Begehrte Beute und geschätzter Wollproduzent

Die erste genaue Beschreibung von Moschusochsen lieferte Nicolas Jérémie de La Montagne, der von 1694 bis 1714 in Kanada stationiert war. In seinem ausführlichen Bericht, der 1721 in Amsterdam erschien, schrieb er u. a.: „Zwischen zwei Flüssen lebt eine Rinderart, die wir ‚Moschusochse' nennen, da die Tiere so stark nach Moschus riechen, daß man sie zu einer gewissen Jahreszeit überhaupt nicht essen kann."

Für die Menschen im Europa der Eiszeiten scheinen die Moschusochsen eine wesentlich geringere Rolle gespielt zu haben als etwa die Rentiere, wie Archäologen aus Höhlenmalereien schlossen. In der Neuen Welt gehörten diese Hornträger jedoch zu den wichtigen Beutetieren der eiszeitlichen Jäger. Heute stehen die empfindlichen Wiederkäuer, die so robust wirken, unter strengem Schutz, und sie dürfen nur noch mit Sondergenehmigung gejagt werden.

Das Interesse der Menschen an diesen einzigartigen Bewohnern des hohen Nordens hat sich inzwischen gewandelt: nicht des Fleisches wegen, sondern um ihrer Haare willen versuchen Züchter, die Moschusochsen zu domestizieren und sie in verschiedenen Gebieten der Arktis anzusiedeln.

Helden fabelhafter Geschichten

Wie alle Tiere, die in ihrem Lebensraum vorkommen, jagen die Inuit auch Moschusochsen. Das Fleisch dieser Hornträger essen sie selbst, und sie verfüttern es an ihre Hunde. Fell und Wolle der Moschusochsen verarbeiten sie zu verschiedenen Kleidungsstücken und die Hörner zu Werkzeugen und Waffen. Sämtliche Teile der Beute werden verwertet.

Nach der Überlieferung besteht eine enge Bindung zwischen dem Jäger und seiner Beute; das Tier weiß und akzeptiert, daß es getötet werden soll. Zu allen Lebewesen haben die Inuit eine spirituelle Beziehung, da sie auch den Tieren eine unsterbliche Seele zuschreiben. Sie glauben, daß diese nach dem Tod in einem natürlichen Kreislauf in einem neuen Körper wiedergeboren wird. Diesen Körper bietet die Seele dem Jäger, der ihre vorige Hülle erbeutet hat, wieder zur Jagd an – sofern er seinem Beutetier die gebührende Achtung und Dankbarkeit bezeugt hat.

Die arktischen Hornträger spielen auch in den Mythen und Legenden der Inuit eine wichtige Rolle, etwa bei den Menschen, die nahe der Hudsonbai leben. Nach einer Legende dieses Volkes besangen einmal zwei Moschusochsen die Schönheit der Natur, während sie ihr Fell pflegten, das sie hierzu abgelegt hatten. Als die Tiere Hundegebell vernahmen, zogen sie ihr Haarkleid schnell wieder an und flüchteten vor den Menschen, die den Hunden folgten, auf einen Hügel; dennoch wurden sie schließlich getötet. Die Jäger behielten allerdings das Lied der Moschusochsen im Gedächtnis und sangen es hinfort selbst.

Bei einigen Inuitstämmen begrüßen nach alter Tradition die Frauen ihre Männer, wenn diese von der Moschusochsenjagd kommen, mit Gesang und Tanz und danken dem erlegten Tier.

Leichte Beute für hungrige Jäger, Entdecker und Forscher

Das Verhalten der Moschusochsen erleichtert die Jagd beträchtlich: Wenn sich ihnen ein Jäger nähert, formieren sich die Tiere in Verteidigungsstellung, statt das Weite zu suchen, und können dann bequem abgeschossen werden.

Seit dem Ende des letzten Jahrhunderts wurden die Tiere in großer Zahl abgeschlachtet. So töteten die Polarforscher und Abenteurer, die mit Hundeschlitten den Nordpol zu erreichen versuchten, zahlreiche Moschusochsen für ihre eigene Verpflegung und die ihrer Hunde. Allein auf der Melville-Insel kamen zwischen 1852 und 1916 mehr als 600 Moschusochsen auf diese Weise ums Leben, und auf der Ellesmere-Insel waren es von 1880 bis 1917 sogar über 1000 Tiere.

Norwegische Walfänger landeten häufig an der Ostküste Grönlands, um sich dort reichlich mit Moschusochsenfleisch zu versorgen. Innerhalb weniger Jahre wurde dadurch ein großer Teil des grönländischen Bestandes vernichtet.

Auch Zoos, die junge Moschusochsen kauften, trugen zur Dezimierung der Art bei; zum Einfangen eines Kalbes mußte meist die ganze Herde abgeschossen werden, da die Erwachsenen ihren Nachwuchs in die Mitte nahmen und entschlossen verteidigten. Fachleute schätzen, daß zwischen 1899 und 1926 rund 2000 Exemplare starben, damit etwa 250 Kälber in den verschiedensten Zoos gezeigt werden konnten. Schließlich verzichteten die Zoodirektoren darauf, Moschusochsen zu halten.

Am Ende des 19. Jh., als es noch üblich war, Tiere in erster Linie anhand toter Exemplare zu erforschen, beteiligten sich auch Wissenschaftler am großen Abschlachten. Sie entnahmen der Natur „Proben" für ihre Forschungsarbeit und für die Sammlungen von Naturkundemuseen. So erlegte der angesehene schwedische Forscher Alfred Nathorst zwischen dem 12. Juli und dem 26. August 1899, als er die Ostküste Grönlands bereiste, allein 25 Moschusochsen.

1917 schließlich verbot die kanadische Regierung die Jagd auf die Tiere, da sie inzwischen von der Ausrottung bedroht waren. In vielen Landesteilen wurden daraufhin Schutzgebiete eingerichtet, und die Populationen konnten sich erholen. Seit 1970 dürfen die Inuit wieder Moschusochsen für ihren eigenen Bedarf töten, beispielsweise auf den Inseln Ellesmere und Banks jährlich 20 Tiere. Die kanadische Regierung führt in regelmäßigen Abständen Zählungen von Flugzeugen aus durch, um bei einer Abnahme des Bestandes rechtzeitig die entsprechenden Maßnahmen ergreifen zu können.

Mit einem wütenden Bullen ist nicht zu spaßen! In der Fortpflanzungszeit sind die männlichen Moschusochsen leicht reizbar und so aggressiv, daß sie nicht nur Rivalen, sondern auch Menschen angreifen. In solch einer Situation kann sich jeder glücklich schätzen, wenn das Gelände so beschaffen ist, daß Rettung vor den Hörnern möglich ist. Irgendwann wird der Wüterich sich beruhigen und unverrichteterdinge zu seinen Artgenossen zurückkehren.

Weit schwerer tat sich die Regierung Dänemarks, der die riesige Insel Grönland untersteht, mit Schutzmaßnahmen für die dortige Population. Erst 1950 wurden die grönländischen Moschusochsen geschützt – allerdings nur beschränkt. Jäger durften weiterhin pro Person und Saison sechs Tiere erlegen.

Das „Goldene Vlies“ der Arktis

Die für ihre besondere Qualität bekannte Wolle der Moschusochsen ist wie die der Kaschmirziegen eine der feinsten Naturfasern und besitzt ungewöhnliche Eigenschaften. Sie zeichnet sich beispielsweise dadurch aus, daß sie selbst beim Waschen in kochendheißem Wasser nicht einläuft.

Sobald in der sogenannten zivilisierten Welt bekannt wurde, welche Vorzüge das Haar der Moschusochsen besitzt, erfuhr die Jagd auf diese Tiere einen deutlichen Aufschwung. Im Jahr 1862 begann die Hudson Bay Company, Moschusochsenfelle in großem Stil zu vermarkten, und verkaufte bis 1916 mehr als 15000 Stück.

Erst als 1917 die Jagd auf Moschusochsen verboten wurde, ging man dazu über, den begehrten Rohstoff von lebenden Tieren zu gewinnen. Dazu kämmten Helfer das Fell aus, das beim alljährlichen Haarwechsel ausfiel. Ein ausgewachsener Moschusochse liefert pro Jahr etwa 2–3 kg Wolle, eine Kaschmirziege nur 0,5 kg.

Da es äußerst schwierig und aufwendig ist, freilebende Moschusochsen zu fangen, wurden mehrere Versuche unternommen, die Tiere zu zähmen und zu züchten. Ein derartiges Programm, das 1954 im US-Bundesstaat Vermont startete, machte erfolgversprechende Fortschritte. Andere Projekte zur Nutzung der Moschusochsen in der Tundra erwiesen sich allerdings meist als wenig wirtschaftlich, da die Gehege sehr hohe Kosten verursachten und das Heu, mit dem die Tiere im Winter ernährt wurden, nur mit großem Aufwand zu beschaffen und zu lagern war.

Diese Zuchtprogramme waren auch ins Leben gerufen worden, um Arbeitsplätze für die Inuit zu schaffen und ihnen die Möglichkeit zu eröffnen, eigene Unternehmen zu gründen. Allerdings hatten diese Menschen, die traditionell von der Jagd und vom Fischfang leben, kein Interesse an einer solchen Änderung ihrer Lebensweise. Die meisten Zuchtbetriebe sind aufgrund der zahlreichen Probleme, mit denen ihre Betreiber zu kämpfen hatten, inzwischen aufgelöst.

Moschusochsen in fremden Gebieten

Da die Wolle der Tiere so begehrt war, wurde versucht, die Moschusochsen auch außerhalb ihres Verbreitungsgebietes zu halten. Weite Teile der Tundra Eurasiens sind als Lebensraum für die Hornträger geeignet, ebenso wie Alaska, wo die Tiere erst im vergangenen Jahrhundert ausstarben. Deshalb setzten die Züchter Moschusochsen der grönländischen Unterart in diesen Gebieten aus. Der erste Versuch, der 1900 in Schweden stattfand, schlug allerdings fehl. Auf Island und Spitzbergen überlebten die Herden nicht, da das Klima für sie zu feucht war.

Gleichfalls wenig überzeugend verliefen mehrere Einbürgerungsversuche in Skandinavien, doch die Populationen konnten sich dort bis heute halten. In Westgrönland lebten 1984 etwa 700 Moschusochsen, und die 50 auf der Taimyr-Halbinsel in Nordsibirien ausgesetzten Tiere vermehrten sich innerhalb von 10 Jahren auf etwa 100.

Das aufwendigste und wohl erfolgreichste Einbürgerungsprojekt starteten die USA in Alaska. 1930 wurden 34 Jungtiere aus Nordostgrönland in ein Gehege in Alaska gebracht, wo sie gut heranwuchsen. Da sich in der Zwischenzeit jedoch die Rentierzucht als rentabler erwiesen hatte, verfrachteten die Züchter 1936 ihre Moschusochsen auf die Insel Nunivak vor der Westküste Alaskas. Bis 1952 wuchs der Bestand auf 76 Exemplare. Aus dieser prächtig gedeihenden Herde wurden später immer wieder Tiere entnommen und auf dem Festland ausgesetzt. Inzwischen sind mehrere Gebiete von Moschusochsen besiedelt; Mitte der 80er Jahre schätzte man ihre Gesamtzahl in Alaska auf etwa 1000.

Gefahren der modernen Zeit

Trotz strenger Schutzmaßnahmen bleiben die Moschusochsen gefährdet, da sie – im Unterschied etwa zu den Elchen – kaum mit Beeinträchtigungen ihres Lebensraumes zurechtkommen. So stellt die Erschließung der Arktis, die die Ausbeutung von Bodenschätzen zum Ziel hat, eine echte Gefahr für diese Tiere dar. Sogar Reservate, die zum Schutz der Fauna eingerichtet wurden, geraten zunehmend in Bedrängnis, da unter ihnen Erz oder Erdöl vermutet wird.

Über den Weiden der Moschusochsen bewegen sich immer mehr Hubschrauber und Kleinflugzeuge. Diese Flieger, die mit ohrenbetäubendem Lärm den Luftraum durchschneiden, versetzen die Moschusochsen in Panik, und die Herden stieben in kopfloser Flucht davon. Dabei können sie sogar ihre eigenen Jungen zertrampeln.

Von den Massakern, die bis zum Beginn unseres Jahrhunderts unter den Moschusochsen angerichtet wurden, zeugen noch zahlreiche ausgebleichte Schädel. Die Jäger hatten kein Interesse an Trophäen; sie töteten die Tiere vor allem wegen ihres Fleisches und Felles.

SEETAUCHER

Elegant gleiten diese schlanken Vögel durch das Wasser, von dessen Oberfläche sie nur mit einem langen Anlauf starten können. Unermüdlich tauchen die scheuen Fischjäger auf der Suche nach Nahrung in die kristallklaren Fluten ihrer Brutseen im hohen Norden. Erst wenn diese zufrieren, machen sich die Seetaucher auf nach Süden, um in den gemäßigten Breiten zu überwintern.

Die etwa gänsegroßen Seetaucher gehören zu den stammesgeschichtlich alten Vogelordnungen, die schon sehr früh eine eigene Entwicklungsrichtung beschritten haben. Umstritten ist allerdings, ob die flugunfähigen Arten der längst ausgestorbenen Gattung *Hesperornis*, die vor etwa 100 Mio. Jahren lebten und sich im Wasser ähnlich wie die heutigen Seetaucher fortbewegten, zu den direkten Vorfahren dieser Tauchspezialisten zu zählen sind. Ein 50 Mio. Jahre altes Fossil der Gattung *Colymboides* wird von den Paläozoologen hingegen eindeutig als Bindeglied zwischen Lappentauchern und Seetauchern in den Stammbaum der beiden Familien eingeordnet. Bereits vor etwa 30 Mio. Jahren, im Oligozän, wiesen Vertreter der nordamerikanischen Gattung *Gaviella* die charakteristischen Merkmale auf, die auch heutige Seetaucher auszeichnen.

Bis in unser Jahrhundert reihten die Ornithologen die Seetaucher sowie die Lappentaucher, zu denen beispielsweise die Haubentaucher gehören, gemeinsam mit den Alken, den Papageitauchern und den Lummen in die artenreiche Ordnung der Steißfüße ein. Doch aufgrund anatomischer Merkmale und der Fortbewegungsweise der Seetaucher unter Wasser entschlossen sich die Wissenschaftler, diese Wasservögel einer eigenen Familie und Ordnung zuzuweisen. Während sich zwischen den Zehen der Seetaucher Schwimmhäute spannen, besitzen die Lappentaucher nämlich Zehen mit Schwimmlappen.

Im Jahr 1972 bestätigten amerikanische Forscher mit Hilfe von Eiweißanalysen, daß alle heutigen Seetaucherarten einen gemeinsamen Ahnen haben, der mit den Alken und den Albatrossen verwandt ist, während die Lappentaucher anderer Abstammung sind.

Die Familie der Seetaucher umfaßt vier Arten. Der Sterntaucher *(Gavia stellata)* und der Prachttaucher *(Gavia arctica)*, die beide in den nördlichen Zonen der Nordhalbkugel heimisch sind, entstanden vor ungefähr 1 Mio. Jahren, im Pleistozän. Die erste Art brütet am Rand kleiner Moorseen, die zweite an tieferen Gewässern.

Zur gleichen Zeit spalteten sich auch der Gelbschnabel-Eistaucher *(Gavia adamsii)*, der ausschließlich in den arktischen Gebieten lebt, und der Eistaucher *(Gavia immer)*, dessen Brutgebiete am weitesten nach Süden reichen, von dem gemeinsamen Stamm ab.

Zur Fortpflanzungszeit prunkt der Eistaucher in seinem schönsten Ornat. Männchen wie Weibchen haben schon bei der Ankunft auf ihrem Brutsee ihr unscheinbares Wintergefieder durch dieses Prachtkleid ersetzt. Wenn Artgenossen in ihr Revier eindringen, richten sie sich erregt auf, um ihren Besitzanspruch zu bekräftigen.

Schlechte Läufer, ausdauernde Flieger, vorzügliche Schwimmer

Die Seetaucher sind neben den Pinguinen, ihren entfernten Verwandten von der südlichen Erdhalbkugel, am besten an das Leben am und im Wasser angepaßt. Im Gegensatz zu diesen können die Seetaucher jedoch fliegen.

Ihre Spezialisierung ist allerdings schon so weit ausgeprägt, daß die schlanken Vögel es vorziehen, auch längere Strecken im Wasser statt in der Luft zurückzulegen. Zur Nahrungssuche und zum Ausruhen suchen sie das Wasser auf; festen Boden betreten die Tiere, die sich an Land sehr schwerfällig fortbewegen, nur für das Brutgeschäft.

Aufgrund ihrer im Verhältnis zum Körpergewicht kleinen Flügelflächen müssen die Seetaucher auf dem Wasser Anlauf nehmen, bevor sie sich mit schnellen, kraftvollen Flügelschlägen in die Lüfte schwingen können. Meist fliegen die Vögel dicht über dem Wasser, selten mehr als 10 m hoch. Die Wahl des Gewässers, an dem sie sich niederlassen, hängt von der Wasserfläche ab, die die Tiere zum Starten benötigen. Der kleinsten Seetaucherart, dem Sterntaucher, genügen schon kleine Tümpel, der große Eistaucher dagegen meidet Seen unter 4 ha Fläche.

In der Regel fliegen die Seetaucher nur, wenn es unbedingt erforderlich ist. Um einem Räuber zu entgehen, tauchen sie lieber weg, als daß sie sich in die Luft erheben. Eine Ausnahme bilden die Sterntaucher, die häufig an kleinen Seen nisten, in denen keine Fische vorkommen. Sie versorgen ihre Jungen dann aus größeren Gewässern in der Umgebung.

Nichtsdestotrotz sind alle Seetaucher ausdauernde Flieger, die zweimal im Jahr große Distanzen bewältigen. Im Herbst nämlich verlassen sie ihre Brutgebiete im Norden von Amerika und Eurasien und ziehen nach Süden, um in milderen Gefilden zu überwintern. Ihre Flugrouten führen entlang den Küsten, so daß sich die Vögel jederzeit auf dem Meer ausruhen können. Dabei fliegen sie mit beträchtlichem Tempo; die Sterntaucher beispielsweise erreichen Spitzengeschwindigkeiten von bis zu 78 km/h.

Im Winter allein – im Sommer zu zweit

Ihre Reise zu den Überwinterungsgebieten treten die Vögel einzeln, paarweise oder in kleinen Gruppen von höchstens zehn Tieren an. Ziele sind die eisfreien Seen oder Küsten, die auch im Winter genügend Nahrung bieten. Dort verteilen sie sich in einem nur wenige Kilometer breiten Streifen parallel zur Küstenlinie. Eistaucher, die an der Küste des US-Bundesstaates Virginia überwintern, sind tagsüber nur einzeln anzutreffen, versammeln sich jedoch nachts zu mehreren in geschützten Buchten.

Von Mai bis August besetzen die monogamen Vögel in den Brutgebieten ein Revier, das sie erbittert gegen Artgenossen verteidigen. Die Schwierigkeit, in den nördlichen Zonen ausreichend Nahrung zu finden, erklärt diesen Anspruch auf Alleinbesitz. An vielen Seen brütet nur ein Paar, lediglich größere Gewässer bieten Raum für mehrere.

Die meiste Zeit ihres Lebens verbringen die Seetaucher, hier ein Sterntaucher im Schlichtkleid, auf dem Wasser, in sicherer Distanz zum Ufer. Selbst bei Gefahr tauchen die Vögel lieber, statt wegzufliegen, da sie sich nur mit großem Kraftaufwand in die Luft erheben können.

Die großen und schweren Seetaucher verfügen über verhältnismäßig kleine Flügelflächen. Deshalb können sie nicht aus dem Stand auffliegen, sondern benötigen gleich einem Wasserflugzeug eine Startbahn. Um die zum Abheben erforderliche Geschwindigkeit von etwa 35 km/h zu erreichen, laufen die Vögel manchmal bis zu 100 m über das Wasser. Doch sind sie erst einmal in der Luft, legen sie mühelos auch größere Strecken zurück. Der kleinsten Art – dem hier abgebildeten Sterntaucher – genügt in der Regel schon ein kürzerer Anlauf.

Seetaucher fressen vorzugsweise Fische, doch während der Brutzeit nehmen sie auch gerne Insekten, Weichtiere, Frösche und Krebse zu sich. Eistaucher (oben) in den kanadischen Provinzen Alberta und British Columbia, die häufig an fischlosen Seen brüten, stellen sich im Sommer sogar ganz auf diese Alternativnahrung um.

Zwischen ihren Fischzügen bleiben die Sterntaucher auf dem See und halten ständig nach neuer Beute Ausschau. Häufig suchen sie mit untergetauchtem Kopf das Wasser ab, stets bereit, das erspähte Opfer zu verfolgen.

Auf Tauchgang

Die schmalen Flügel dicht angelegt, Kopf, Körper und Füße in einer Linie, taucht der Vogel durch die Fluten und bietet dem Wasser auf diese Weise kaum Widerstand (A). Vor dem Ergreifen der Beute zieht er den Kopf an, um ihn im Augenblick des Zupackens vorschnellen zu können (B). Beim Schwimmen setzt der Seetaucher nur die Füße ein, indem er seine Beine grätscht und gleichzeitig nach hinten führt (C).

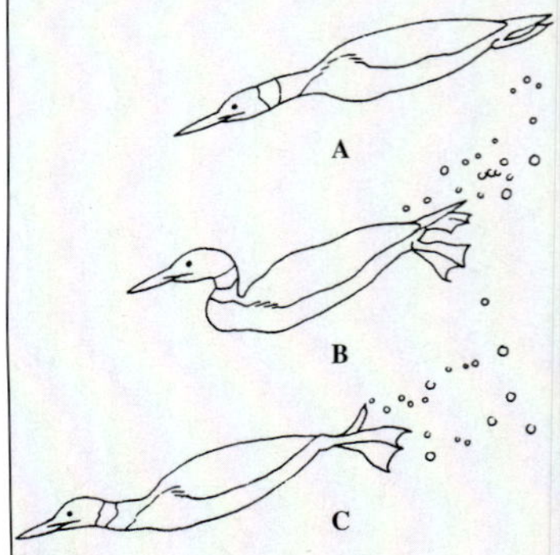

Unermüdlich auf Fischfang

Einen großen Teil des Tages widmen die Seetaucher der Nahrungssuche, und erst mit Einbruch der Nacht stellen sie ihre Tauchgänge ein. Häufig schwimmen die Vögel an der Oberfläche, den Kopf unter Wasser. Indem sie ihn langsam von einer Seite zur anderen bewegen, halten sie Ausschau nach Beute. Sobald sie einen Fisch erspähen, verfolgen sie ihn und ergreifen ihn mit geöffnetem Schnabel.

Wie Studien zur Tauchtiefe und Tauchdauer ergaben, bleiben die Seetaucher meist zwischen 30 und 70 Sekunden lang unter Wasser und stoßen dabei in Tiefen von 2–7 m vor. Je tiefer sie hinabtauchen, um so größer sind die dazwischenliegenden Pausen, die die Tiere zum Atemholen benötigen; in der Regel starten die Vögel nach durchschnittlich 20 Sekunden einen neuen Versuch.

Seetaucher können bei Bedarf mehr als 2 Minuten unter Wasser bleiben; ein Prachttaucher entzog sich den Blicken von Vogelkundlern sogar 5 Minuten lang, und bei einem Eistaucher konnten Forscher sogar schon eine Tiefe von 60 m nachweisen.

Da das Wasser dem spindelförmigen Körper der Seetaucher nur wenig Widerstand bietet, bewegen sie sich sehr schnell voran und können nahezu jeden Fisch einholen (siehe auch Kasten). Mit Geschwindigkeiten von 2,5–5 m/s legen sie bei einem Tauchgang manchmal 400–500 m zurück.

Solche Leistungen setzen verschiedene anatomische Besonderheiten voraus (siehe Seite 120) und erfordern, daß das Federkleid sorgfältig von den Vögeln gepflegt wird. Es muß sowohl leicht durch das Wasser gleiten als auch wasserabweisend sein und das Tier vor Kälte schützen. Deshalb widmen die Seetaucher ihrem Gefieder viel Zeit. Beim Glätten und Einfetten der Federn mit dem Schnabel nehmen sie die bizarrsten Stellungen ein, in denen sie manchmal minutenlang verharren. So sind immer wieder Vögel zu beobachten, die auf dem Rücken schwimmen und dabei ihre Bauchfedern ordnen.

Dieser Eistaucher im Jugendkleid hat gerade einen Barsch gefangen. Ähnlich große Süßwasserfische stehen auf dem Speisezettel aller Seetaucher. Damit die stacheligen Flossen der Beutetiere den Schlund der Vögel nicht verletzen, schlingen sie den Fisch mit dem Kopf voran hinunter.

Ein variabler Speisezettel

Seetaucher, vor allem die großen Eistaucher, können bis zu 30 cm lange Beutetiere fangen, aber für gewöhnlich fressen sie kleinere Fische von durchschnittlich 10 cm Länge. Dabei zeigen sie keine besondere Vorliebe für einzelne Arten. In der Brutzeit ernähren sie sich von Süßwasserfischen wie Forellen, Barschen, Plötzen, Karpfen und Lachsen. Während ihres Winteraufenthaltes am Meer stehen neben anderen Fischen Kabeljaue, Heringe, Sprotten und Grundeln auf ihrem Speiseplan.

Obgleich sie fast reine Fischfresser sind, erbeuten sie auch kleine Krebse, Weichtiere, Frösche und Wasserinsekten, deren Anteil in der Nahrung der Vögel dem jeweiligen Angebot in den Brutgewässern entspricht. Von grönländischen Sterntauchern berichteten Forscher sogar, daß sie im Frühjahr auch Pflanzen zu sich nehmen.

Die Eistaucher und die Gelbschnabel-Eistaucher fischen immer einzeln. Bei den Prachttauchern hingegen finden sich im Sommer oft kleine Gruppen von unverpaarten Vögeln zusammen, die auch gemeinsam Nahrung suchen. Die Tiere bewegen sich in einer Linie vorwärts und tauchen alle gleichzeitig. Dadurch können die Fische nicht mehr so leicht nach der Seite flüchten, und die Jäger treiben sie in Ufernähe, um sie dort zu fangen.

Gesucht: See mit Insel!

Zwischen Ende April und Mitte Juni, wenn das Eis schon weitgehend getaut ist, treffen die Seetaucher an ihren Brutplätzen ein. Gemeinsam mit ihren Partnern vom letzten Jahr nehmen sie wieder Besitz von „ihrem“ See. An größeren Gewässern lassen sich gelegentlich noch weitere Paare nieder; in diesen Fällen müssen die Nachbarn ihre im Frühjahr ausgehandelten Reviergrenzen strikt einhalten. Vögel anderer Arten werden meist geduldet, so daß gelegentlich Sterntaucher und Prachttaucher am selben See zu beobachten sind. Eindringende Artgenossen erhalten jedoch kein Bleiberecht und sehen sich wütenden Revierbesitzern ausgesetzt, die in Verfolgungsjagden über das Wasser und – falls nötig – mit Schnabelhieben ihren Besitzanspruch vertreten.

Gleich nach ihrer Ankunft bestätigen Männchen und Weibchen erneut ihre Zusammengehörigkeit durch sehr komplexe, ritualisierte Verhaltensweisen. So nehmen beispielsweise Sterntaucher verschiedene Stellungen ein, bei denen sich die Vögel im Wasser aufrichten, mit den Köpfen nicken, den Schnabel eintauchen oder im Duett singen. Die spektakulärsten Darbietungen sind die „Rennen“, bei denen die beiden Vögel Seite an Seite, Hals, Kopf und Schnabel in die Höhe gereckt, die Flügel halb erhoben, bis zu 30 m nebeneinander über das Wasser laufen.

Um Landraubtieren wie Füchsen zu entgehen, nisten die Seetaucher vorzugsweise auf kleinen Inseln, die vom Land her schwer zu erreichen sind. Wie Studien verschiedener Wissenschaftler ergaben, hängt der Bruterfolg eindeutig von der Entfernung der Inselchen zum Ufer ab. Die Seetaucher bauen ihr Nest nicht in der Nähe eines Waldrandes, sondern wählen dafür lieber einen offenen, gut überschaubaren Platz in unmittelbarer Nähe des Wassers, um rechtzeitig das Weite suchen zu können.

In Ermangelung guter Nistplätze häufen Sterntaucher manchmal im seichten Wasser regelrechte Kegel aus Nistmaterial auf, an denen sie lange bauen müssen, bis sie hoch genug sind. Dies dauert zwar länger, doch dafür bietet ein solches Nest mehr Sicherheit für die Brut als ein Nistplatz am Ufer.

Das Nest, das die Vögel von Jahr zu Jahr fast immer an derselben Stelle errichten, besteht aus niedergedrückten Pflanzen und aus abgerupften Pflanzenteilen, die Männchen und Weibchen gemeinsam herbeischaffen. Je nach Vogelart und Standort variieren die Angaben zur Breite der ovalen Nistmulde von 27–58 cm.

Im Abstand von 2 Tagen legen die Weibchen normalerweise zwei Eier. Gelege mit einem oder gar drei Eiern kommen selten vor. Sofort nach der Ablage des ersten Eies beginnen die Seetaucher mit der Bebrütung, in deren Verlauf sich Weibchen und Männchen abwechseln.

Paarung auf festem Boden

Nach kurzen nickenden Kopfbewegungen, bei denen beide Partner den Schnabel ins Wasser tauchen, sucht das Weibchen eine gut zu erreichende Stelle am Ufer auf. Dort duckt es sich mit nach unten gerichtetem Schnabel zu Boden. Auf diese Aufforderung hin nähert sich das Männchen und klettert ungeschickt auf den Rücken des Weibchens. Nach der Begattung, die 10–20 Sekunden dauert, begeben sich beide wieder ins Wasser.

Beim Brüten wechseln Männchen und Weibchen einander ab. Wenn der Vogel von seinem Partner abgelöst werden will, um Nahrung zu suchen, äußert er kurze Rufe.

Aufmerksam beobachtet dieser Prachttaucher (links) von seinem Nest die Umgebung. Um sich vor Landräubern wie beispielsweise Füchsen zu schützen, wählen die Vögel häufig kleine uferferne Inselchen oder aus dem Wasser ragende Pflanzenbüschel, wo sie ihr kostbares Gelege ausbrüten. Wenn solch ein sicherer Platz an einem Brutgewässer fehlt, baut das Paar sein Nest stets so dicht an der Uferlinie, daß es bei Gefahr schnellstens das Wasser erreicht.

In regelmäßigen Abständen von mindestens 4,5 Stunden wenden die Sterntaucher ihre Eier, damit diese von allen Seiten gleichmäßig bebrütet werden. Die anfangs hellbraune Schale färbt sich durch die verwesenden Pflanzen in der Nestmulde dunkelbraun.

Die gefährlichste Zeit im Leben

Nach einer Brutzeit von 25–29 Tagen schlüpft bei den Seetauchern das erste Küken, und das zweite folgt binnen 24 Stunden. Höchstens 3 Tage bleiben die Eltern mit den Kleinen, die zwar schon schwimmen können, aber noch recht kälteempfindlich sind, im Nest. Während dieser Zeit hudern und füttern die Altvögel abwechselnd ihre Jungen an Land.

Schutzbedürftiger Nachwuchs

Nach einer Studie über Sterntaucher, die Ornithologen 1974 auf den Shetlandinseln durchführten, entgingen lediglich 30 % der Eier, die in jenem Jahr gelegt worden waren, den zahlreichen Räubern, und nur 20 % der Jungen erreichten das flugfähige Alter.

Obwohl ausnahmslos alle Seetaucher ihre kostbare Brut sorgfältig bewachen, sterben die meisten Küken in den ersten 5 Tagen nach dem Schlüpfen. Die Ursache dafür ist zum einen die mörderische Konkurrenz der Kleinen um das Futter, die dazu führt, daß nur dasjenige überlebt, das beim Betteln um Nahrung den Schnabel vorn hat; zum anderen lauert eine Vielzahl von Feinden auf die kleinen Dunenknäuel. Die gefährlichsten Räuber sind andere Vögel wie Raubmöwen und Krähen sowie Rauhfußbussarde und Seeadler. Das einzige Mittel, das die Eltern einem Angriff aus der Luft entgegensetzen können, ist, sich auf die Eier oder die Kinder zu setzen, den Hals zu recken und den Schnabel auf den Angreifer zu richten. Selbst wenn die Küken schon schwimmen können, sind sie noch in Gefahr, denn im Wasser lauern Raubfische wie beispielsweise Hechte.

Ein sicherer Platz tut not

Ab dem 4. Lebenstag der Küken verbringen die Familien den Tag auf dem Brutgewässer. Während die Altvögel bei Gefahr wegtauchen, können die Jungen dies erst ab einem Alter von 1 Woche, und anfangs nur wenige Sekunden lang. Deshalb suchen die Vögel häufig den Schutz der Uferpflanzen auf, wo die Küken lautlos verharren, bis die Eltern Entwarnung geben.

Prachttaucher und Eistaucher zeigen darüber hinaus eine Verhaltensweise, die bei Sterntauchern nicht zu beobachten ist: sie bergen ihren gefährdeten Nachwuchs auf ihrem Rücken. Oft gleiten beide Elternteile, jedes mit einem Küken unter dem Flügel, über das Wasser. Dadurch können sich die erwachsenen Vögel schneller fortbewegen, wärmen gleichzeitig ihre Jungen auf und bieten ihnen Schutz vor Feinden. Gleichzeitig verhindert dieses Verhalten ein Abtreiben der Küken etwa bei starkem Wind.

Das Überleben lernen

Schwimmen, tauchen und fressen können die Seetaucher instinktiv, doch die Meisterschaft erringen sie nur durch Übung. Anfangs erhalten sie von den Eltern hauptsächlich Insektenlarven, doch schon bald folgen 4–5 cm lange Fische, und je mehr die Kleinen wachsen, um so größer sind die dargereichten Beutetiere. Bereits nach 3 Wochen tauchen die Jungvögel nach kleinen Satzfischen, freilich mit sehr geringem Erfolg. Erst im Alter von rund 35 Tagen ernähren sich junge Gelbschnabel-Eistaucher selbst, Prachttaucher können sogar rund 70 Tage lang auf die elterliche Fürsorge angewiesen sein.

Sobald die Jungvögel flügge sind – Sterntaucher mit etwa 7 Wochen, Prachttaucher mit 11 Wochen –, verlassen sie das Brutrevier, bleiben jedoch noch in der näheren Umgebung, bis sie schließlich im Herbst zur Meeresküste und von dort weiter nach Süden ziehen.

Nach dem Schlüpfen bleiben die jungen Prachttaucher noch 2–3 Tage im Nest, wo sie von ihren Eltern ununterbrochen umsorgt werden. 5–6 Wochen lang wechseln sich die Altvögel beim Hudern und Füttern ihres Nachwuchses ab. Durch leises, langgezogenes Zirpen und Picken an Flügel oder Brustgefieder der Erwachsenen drücken die Kleinen ihren Wunsch nach der Wärme des elterlichen Federkleides oder nach Atzung aus.

Wenige Tage nach dem Schlüpfen folgen die Sterntaucherküken ihren Eltern überallhin. Obwohl sie schon tauchen können, sind sie noch lange auf die Fütterung durch die Altvögel angewiesen, die sich manchmal allerdings bei der Größe der angebotenen Beute verschätzen.

► *Auf dem Rücken des erwachsenen Eistauchers ist das Küken vor der Kälte, der Strömung und vor Raubfischen wie Hechten sicher.*

Sterntaucher

Gavia stellata

Wie bei den anderen Mitgliedern der Familie der Seetaucher ist die gesamte Gestalt des Sterntauchers an die Fortbewegung unter Wasser angepaßt. Aufgrund seines walzenförmigen Körpers, des festen, an Kopf und Hals besonders eng anliegenden Federkleides und des flachen Schädels, der genauso breit ist wie der Hals, bietet sein Körper dem Wasser geringen Widerstand.

Verhältnismäßig viel Zeit wendet der Vogel für die Körperpflege auf, denn seine Lebensweise, die ganz auf das Schwimmen und Fliegen eingestellt ist, erfordert ein Gefieder, das immer tadellos in Ordnung ist. Erst im 3. Lebensjahr zeigt der Sterntaucher übrigens die arttypische Färbung. Ein 2 Jahre alter Jungvogel trägt ein unvollständiges Prachtkleid, dem die charakteristischen Hals- und Kehlfedern der Erwachsenen noch fehlen.

Der Name der Familie könnte nicht besser gewählt sein: Von allen Vögeln der Nordhalbkugel sind die Seetaucher wahrscheinlich diejenigen, die sich am meisten unter Wasser aufhalten. Jeder Tauchgang dauert durchschnittlich 30 Sekunden, bei einigen Arten sogar gelegentlich mehrere Minuten. Bei einem Sterntaucher registrierten Vogelkundler maximal 90 Sekunden. In der Regel fischt der Sterntaucher in mittleren Tauchtiefen um 10 m, und in extremen Fällen geht er 30 m tief hinab.

Da die Nickhaut des Sterntauchers, die beim Eintauchen vor das Auge gleitet, im Zentrum durchsichtig ist, vermag das Tier auch unter Wasser sehr gut zu sehen. Es ist deshalb in der Lage, eine Beute auf mehrere Meter Entfernung zu entdecken und zu verfolgen. Voraussetzung dafür ist natürlich entspre-

	STERNTAUCHER
Art:	*Gavia stellata*
Familie:	Seetaucher
Ordnung:	Seetaucher
Klasse:	Vögel
Merkmale:	Liegt beim Schwimmen tief im Wasser, hält den Schnabel leicht aufwärts gerichtet. Charakteristisches schwarzgrundiges Prachtkleid bei beiden Geschlechtern: Kopf und Hals grau, vom Nacken bis zum Rücken schwarzweiß gestreift, am Vorderhals rotbrauner Fleck. Im Winterkleid Rückengefieder unscheinbar grau, weiß getüpfelt
Maße:	Länge 53–69 cm
Gewicht:	1–2,5 kg
Verbreitung:	Europa, Asien und Nordamerika nördlich des 55. Breitengrades; Überwinterung weiter südlich
Lebensraum:	Im Sommer an Weihern und flachen Seen in der Tundra; im Winter an großen Binnenseen und an Meeresküsten
Nahrung:	Hauptsächlich Fische, im Sommer auch Insekten
Sozialstruktur:	Monogame Paare mit Brutrevieren, im Winter Scharen
Geschlechtsreife:	Im Alter von 3 Jahren
Fortpflanzung:	Mai bis Juli
Bebrütung:	25–29 Tage
Anzahl der Eier pro Gelege:	In der Regel 2
Gewicht beim Schlüpfen:	73–90 g
Lebensdauer:	Maximal 25–30 Jahre; durchschnittlich etwa 10 Jahre
Bedrohung und Schutz:	Geschützt; gefährdet durch Wasserverschmutzung und Störungen an Brutgewässern

chend sauberes Wasser, das nur wenig Schwebstoffe enthält.

Sein dolchförmiger Schnabel eignet sich hervorragend zum Fangen von Fischen, die den Hauptanteil der Nahrung jedes Seetauchers bilden, wobei die Beute zwischen den kräftigen Schnabelhälften festgehalten wird. Meist verschlingt der Vogel seine Beute noch unter Wasser, lediglich größere Happen werden erst an der Oberfläche in die geeignete Position gebracht und Kopf voran verschluckt. Wenn der Sterntaucher seinen Jungen Nahrung bringt, hält er die Beute quer im Schnabel, eine Tragweise, die er sogar im Flug beibehält.

Zur Sicherung seiner Sauerstoffversorgung unter Wasser verfügt der Vogel über mehrere Mechanismen, die zusammenwirken. Dank einem höheren Blutvolumen und einer erhöhten Anzahl von roten Blutkörperchen, die dem Sauerstofftransport dienen, vermag sein Blut insgesamt mehr von diesem Element zu binden als das von Vogelarten, die nicht im Wasser jagen. Sobald das Tier abtaucht, verlangsamt sich auch sein Herzschlag, und die Gefäße der Eingeweide sowie großer Teile der Muskulatur verengen sich – er schaltet die beim Beutefang unwichtigen Körperteile gleichsam auf Sparflamme.

Der Sterntaucher ist die kleinste Art seiner Familie. Da er zwar annähernd so große Flügel wie der Prachttaucher besitzt, jedoch etwa 40 % weniger wiegt, hat er unter allen Seetauchern die geringsten Startprobleme. Ihm genügen schon wenige Meter Anlauf, und Forscher berichteten, daß sich ein Vogel bei Gefahr auch schon vom Boden aus in die Luft geschwungen hat.

Einmal in der Luft, ermöglichen ihm seine verhältnismäßig langen, schmalen Flügel einen zügigen, direkten Flug, und nicht einmal heftige Winde können ihn aus der Bahn werfen, da sein stromlinienförmiger Körper der Luft ebensowenig Widerstand bietet wie dem Wasser. Da der Steigwinkel des Vogels nach dem Abflug sehr gering ist, erreicht er bei Flügen in der Umgebung seines Brutplatzes nur geringe Höhen.

Besondere Merkmale

Färbung
Die Geschlechter sind anhand des Gefieders nicht voneinander zu unterscheiden. Von Oktober bis April tragen die Vögel ein schlichtes Ruhekleid; das sommerliche Prachtgefieder zeichnet sich dagegen durch eine charakteristische Färbung aus. Der Kopf wird aschgrau, am Nacken und Hinterhals erscheinen schwarzweiße Streifen, und die Kehle, die beim Balzen demonstrativ präsentiert wird, färbt sich rostrot. Das Auge leuchtet aus dem grauen Kopfgefieder in einem kräftigen Weinrot.

Schnabel
Mit seinem langen, kantigen Schnabel fängt der Sterntaucher seine Beute mit großer Sicherheit. Von der Spitze bis zum Ansatz des Stirngefieders mißt dieses Werkzeug 48–57 mm. Dennoch hat diese Art unter allen Seetauchern den kleinsten Schnabel, so daß der Sterntaucher kleinere Fische jagt als die anderen Angehörigen seiner Familie. Seine Beutetiere sind durchschnittlich 12 cm lang. Aus der Ferne betrachtet, wirkt der Schnabel des Sterntauchers im Profil, als wäre er nach oben gebogen. Tatsächlich ist nur der Unterschnabel zur Spitze hin leicht abgeschrägt, während der Oberschnabel gerade verläuft.

Körper
Das Skelett der Seetaucher ist im Unterschied zu dem der meisten anderen Vogelarten, die hohle, luftgefüllte Knochen besitzen, massiv. Dies erhöht ihr spezifisches Gewicht, das annähernd dem des Wassers entspricht. Deshalb liegen die Vögel beim Schwimmen verhältnismäßig tief im Wasser und können leicht abtauchen.

Befiederung
Der Federschaft ist mit zahlreichen kurzen Ästen besetzt, so daß das Federkleid sehr kompakt wirkt und vor allem an Kopf und Hals aussieht wie ein dichter Pelz. Beim Abtauchen legen die Sterntaucher das Gefieder eng an, so daß Luft entweicht, und verringern damit zusätzlich den Auftrieb.

Füße
Im Wasser bewegt sich der Sterntaucher ausschließlich mit seinen Füßen voran. Deren Stoßkraft wird von den spreizbaren Zehen, die durch Schwimmhäute miteinander verbunden sind, effektiv verstärkt. Die Beine sind insgesamt kurz, der Oberschenkelknochen ist kaum entwickelt und bleibt – wie auch das Schienbein – in den Rumpf integriert.

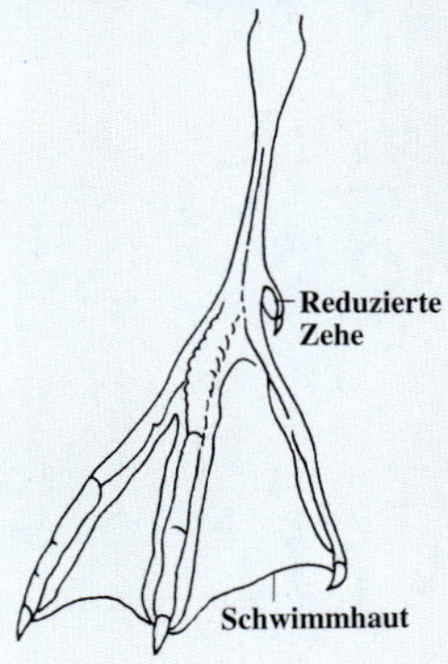

Erst der Lauf ist von außen sichtbar. Mit der für das Tauchen günstigen Lage der Füße am Körperende verschlechterte sich jedoch insgesamt das Laufvermögen des Vogels. Schwerfällig bewegt sich der Seetaucher an Land voran. Häufig fällt er auf die Brust und muß sich mit den Flügeln hochstemmen. Deshalb sucht der Vogel festen Boden nur zur Fortpflanzung und zum Brüten auf. Auch zum Wenden der Eier kann sich das Tier nur kurz aufrichten.

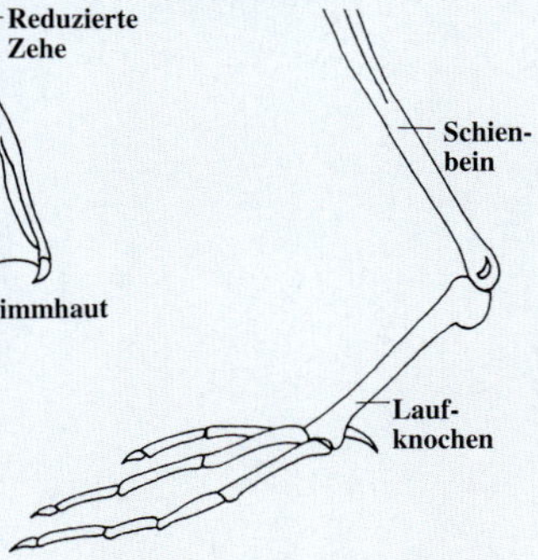

Andere Arten

Zur Familie der Seetaucher zählen neben dem Sterntaucher drei weitere Arten, die sich sowohl in ihren Körpermerkmalen als auch in ihrer Lebensweise ähneln. Während sie im Sommer leicht unterschieden werden können, da sie alle ein charakteristisches Brutgefieder tragen, fällt eine eindeutige Bestimmung der Vögel in ihrem winterlichen Schlichtkleid, das bei allen Arten sehr ähnlich ist, schwer.

Die Seetaucher ernähren sich hauptsächlich von Fischen und sind meisterhafte Taucher. Außer dem Eistaucher, dessen Verbreitungsgebiet schon im Norden der USA beginnt, brüten die anderen Arten nur in den nördlichen Regionen der Nordhalbkugel, und im Winter ziehen sie entlang den Meeresküsten nach Süden.

Obgleich jede Art für ihr Brutgeschäft einen bestimmten Lebensraum vorzieht, nisten alle vorzugsweise auf uferfernen Inselchen an abgelegenen Binnengewässern in der Tundra oder der nördlichen Taiga. Die Revierverteidigung und das Balzverhalten der verschiedenen Arten bestehen aus zahlreichen Handlungsabläufen, die sich von Art zu Art kaum unterscheiden. Alle Seetaucher legen zwei Eier; Ausnahmen sind sehr selten.

GELBSCHNABEL-EISTAUCHER

Gavia adamsii

Merkmale: Größter Seetaucher. Länge 84–97 cm, Gewicht 4,4–6,4 kg; Weibchen kleiner als Männchen. Gelblichweißer Schnabel, Unterschnabel an der Spitze gewinkelt. Im Prachtkleid Kopf und Hals schwarz, violett schimmernd; Augen weinrot, Halsring mit senkrecht laufenden schwarzen und weißen Streifen; Bauch weiß, Rücken bedeckt mit geometrischen schwarzen und weißen Flecken, die in Reihen angeordnet sind. Im Ruhekleid Kopfplatte, Nacken, Hals und Rücken grau mit weißen Flecken; Kehle, Hals und Bauch weißlich.
Verbreitung: Brutgebiete nördlich des 70. Breitengrades, auf Nowaja Semlja, in Sibirien, Kanada und Alaska. Überwinterung in Skandinavien, an der Pazifikküste von Kamtschatka bis Japan und an der Küste von British Columbia; oft auf dem offenen Meer vor den Küsten.
Lebensraum: 20–150 ha große Seen der Tundra und größere, ruhig fließende Flüsse; Meeresküsten.
Nahrung: Fische bis 28 cm Länge; im Meer Schellfisch, Kabeljau, Hering und Sprotte, im Süßwasser Forelle, Plötze und Barsch. Auch Weichtiere, kleine Krebse und Quallen sowie Wasserinsekten. Daneben geringe Mengen pflanzlicher Nahrung, z. B. Wurzeln, Samen, Moos und Weidentriebe.
Fortpflanzung: Größe der Nestmulde durchschnittlich 37–47 cm. Eiablage ab Mitte Juni bis Anfang Juli; Eier olivfarben mit schwarzen Flecken, dunkeln nach; Eigewicht etwa 170 g. Bebrütung 27–29 Tage, überwiegend durch das Weibchen.

Eine Studie, die amerikanische Ornithologen 1952 in Minnesota (USA) erstellten, hat ergeben, daß aus 63 Eiern, die 42 Paare gelegt hatten, 27 Küken schlüpften, doch nur 21 Junge flügge wurden.
Bestand: Unbekannt. Die seltenste der vier Seetaucherarten; vermutlich weltweit nicht mehr als einige tausend Tiere.
Bedrohung und Schutz: Geschützt. Da die Art im hohen Norden lebt, sind menschliche Aktivitäten kaum ein Störfaktor. Die zunehmende Verschmutzung der Meere durch Kohlenwasserstoffe erhöht vermutlich die Sterblichkeit dieser Vögel.

EISTAUCHER

Gavia immer

Merkmale: Länge 71–91 cm, Gewicht durchschnittlich 2,9–4 kg, in Ausnahmefällen bis 7 kg. Federkleid wie beim Gelbschnabel-Eistaucher, Kopfgefieder schimmert jedoch grünlich; im Halsring mehr Streifen als beim Gelbschnabel-Eistaucher. Das sicherste Unterscheidungsmerkmal ist der dunkle Schnabel, der zudem kürzer als bei der erstgenannten Art ist. Unterarten sind nicht bekannt.
Verbreitung: Brutgebiete in Nordamerika nördlich des 40. Breitengrades, in Grönland, Island und auf der Häreninsel. Überwinterungsgebiete an den nordamerikanischen Großen Seen und an den Pazifik- und Atlantikküsten bis Kalifornien, Florida und in Europa bis Spanien und Portugal.
Lebensraum: Durchschnittlich 20 ha große Seen in der Tundra oder in der Taiga. Nur wenige Vögel überwintern auf Binnengewässern.
Verhalten: Der Eistaucher verfügt über eine außergewöhnlich breite Skala von Rufen. Ornithologen unterscheiden das sogenannte Jodeln, das vorwiegend die Männchen äußern, wolfsähnliches Heulen und klangvolle Tremolos, die kilometerweit zu hören sind. Im Winter ertönen die Rufe nicht.

Erfolglos brütende und unverpaarte Eistaucher bilden ab Juli kleine Scharen. Auch im Winter versammeln sich zur Nachtruhe mehrere Vögel in geschützten Meeresbuchten.
Nahrung: Ähnlich der des Gelbschnabel-Eistauchers. Die Fischmenge, die ein Paar und seine zwei Küken während der

Gelbschnabel-Eistaucher *(Gavia adamsii)* im Winterkleid

Eistaucher *(Gavia immer)*

15wöchigen Brut und Aufzucht vertilgen, wurde auf etwa 1 t geschätzt, das sind rund 10 kg pro Tag.
Fortpflanzung: Eiablage Ende April bis Anfang Juni, ansonsten wie beim Gelbschnabel-Eistaucher.
Bestand: Wurde im Jahr 1991 weltweit auf 30000–50000 Brutpaare geschätzt.
Bedrohung und Schutz: Geschützt. In Nordamerika, vor allem im Süden seines Verbreitungsgebietes, stark zurückgegangen, deshalb umfassende Hilfsmaßnahmen wie künstliche Nistinselchen in den Seen und Einrichtung von Schutzgebieten.

PRACHTTAUCHER

Gavia arctica

Merkmale: Länge 58–74 cm, Gewicht durchschnittlich 3 kg; Weibchen leichter. Im Winter wiegen die Vögel weniger. Im Prachtkleid Kopf und Hals grau, Augen rot; Kehle schwarz mit grünem Schimmer, flankiert von längs verlaufenden schwarzen und weißen Streifen; auf Schultern und Rücken schwarzweiße geometrische Zeichnung. Winterkleid mit grauer Kopfplatte, Nacken und Rücken graubraun; Kehle, Hals und Bauch weiß. Unterscheidung der drei Unterarten vor allem anhand der Schattierung des Kehlgefieders, das bei *Gavia arctica viridigularis* grün, bei *Gavia arctica pacifica* violett schimmert.
Verbreitung: *Gavia arctica arctica* brütet in Nordeuropa und Nordasien bis zum Olenjok, *Gavia arctica viridigularis* nistet im nördlichen Sibirien zwischen den Flüssen Olenjok und Indigirka; *Gavia arctica pacifica* lebt in Nordostsibirien und an den Küsten Alaskas. Einige Fachleute sehen in der letzten Unterart eine eigene Art.
Lebensraum: Tundra und Taiga; auf durchschnittlich 50 ha großen Seen mittlerer Tiefe. Überwintert an den Meeresküsten und zieht in Nordamerika hinunter bis Südkalifornien; in Europa bis Griechenland, regelmäßiger Wintergast an der deutschen Nordseeküste und auf größeren Binnengewässern, hier allerdings selten; in Ostasien bis zum Mündungsgebiet des Changjiang ins Ostchinesische Meer.
Verhalten: Zur Paarungszeit versammeln sich bis zu 30 Individuen auf einem Gewässer und veranstalten ein „Rundschwimmen" um einen unsichtbaren Mittelpunkt. Vermutlich handelt es sich hierbei um ein ritualisiertes Drohverhalten.
Nahrung: Fische; im Meer u. a. Grundel und Hering, im Süßwasser vor allem Barsch, Forelle, Plötze und Karpfen; auch Wasserinsekten, Weichtiere und Krebse.
Fortpflanzung: Lassen sich an den Brutgewässern nieder, sobald die Uferstreifen eisfrei sind. Eiablage Ende Mai bis Mitte Juni, olivbraune Eier von etwa 120 g Gewicht; Bebrütung 28–30 Tage durch beide Partner, wobei das Weibchen den wesentlichen Anteil hat.

Laut einer Studie, die L. Lehtonen von 1962 bis 1968 in Finnland vornahm, schlüpften aus 45 % von 159 gelegten Eiern Küken, von denen 21 % flügge wurden.
Bestand: Unbekannt, wahrscheinlich mehrere zehntausend Tiere.
Bedrohung und Schutz: Geschützt. Wurden früher in Schottland und Norwegen von Fischern erbittert verfolgt.

Prachttaucher *(Gavia arctica)*

Seetaucher in ihrem Lebensraum

Die arktischen und subarktischen Regionen der nördlichen Erdhalbkugel zwischen dem 50. und dem 80. nördlichen Breitengrad sind die Heimat der Sterntaucher und darüber hinaus alle Gebiete nördlich dieser Zone, die nicht ständig mit Eis bedeckt sind. Im Sommer lebt diese Vogelart sowohl in den nördlichen Taigagebieten als auch in der offenen Tundra. Sterntaucher brüten im Norden der USA, in Alaska, Kanada und Neufundland, in Skandinavien, Grönland und der ehemaligen Sowjetunion. Ihre Nester finden sich ebenso in küstennahen Regionen wie in Höhen von mehr als 200 m, in Ausnahmefällen sogar bis in 700 m.

Von Norden nach Süden nimmt die Bestandsdichte der Vögel ab; in Europa liegen die südlichsten Brutgebiete im Norden der Britischen Inseln, in Nordamerika im ostkanadischen Bundesstaat Neufundland und in Asien etwa auf der Höhe des 55. Breitengrades.

Variable Ansprüche an das Brutgewässer

In der Fortpflanzungszeit besetzen die Sterntaucher die unterschiedlichsten Reviere. Brutpaare finden sich sowohl an kleinen Teichen als auch an Fjordinseln sowie an tiefen Seen. Gelegentlich nisten sie auf Flußinselchen.

Ihr bevorzugtes Biotop ist jedoch der kleine Moorsee mit eingestreuten Inseln, auf denen Wollgräser und Seggen wachsen. Sterntaucher meiden die unmittelbare Nähe von Bäumen, weshalb die Brutreviere in der Taiga meist an größeren Seen mit breiten Uferzonen liegen.

Ihre Fähigkeit, schneller abzuheben als Prachttaucher und Eistaucher, gestattet ihnen den Aufenthalt an kleinen Seen. Die mittlere Gewässergröße, die Sterntaucher bevorzugen, beträgt etwa 0,5 ha. Den einzigen Nachteil, den solch kleine Tümpel mit sich bringen, nehmen die Vögel in Kauf: Da sie in diesen Gewässern nicht genügend Nahrung für sich und ihren Nachwuchs finden, müssen sie häufig ziemlich weite Ausflüge in die Umgebung unternehmen.

Der Winter am Meer

Im Herbst fliegen die Sterntaucher nach Süden und beziehen ihre Winterquartiere an den Meeresküsten oder auf großen Seen. Schon Ende August, sobald die Jungvögel in der Lage sind, weite Strecken zurückzulegen, brechen die ersten Tiere auf. Im Oktober verlassen die letzten Sterntaucher ihre Brutseen.

Die Vögel fliegen Tag und Nacht, allein oder paarweise, selten in Gruppen. Mehr als 3000 km können die Tiere zurücklegen, doch häufig erreichen sie schon früher ihr Ziel. Unterwegs machen sie auf Seen, in geschützten Buchten, ja sogar in Häfen Zwischenstation.

Diejenigen, die im westlichen Eurasien beheimatet sind, überwintern an den Küsten Skandinaviens und der Nordsee. Einzelne Tiere suchen auch Binnengewässer in Deutschland auf, meist sind dies Durchzügler, die auf dem Weg zum Mittelmeer eine Rast einlegen. Regelmäßig kann man vor der Küste der Camargue Sterntaucher beobachten. Vogelkundler haben Exemplare dieser Art auch schon in Südspanien und sogar an der nordafrikanischen Küste gesichtet. Die im Westen von Nordamerika brütenden Vögel ziehen im Herbst zum Golf von Kalifornien, und die östlichen Populationen fliegen bis nach Florida.

Von allen Seetauchern bilden die Sterntaucher im Winter die größten Ansammlungen: Gruppen von 100 Vögeln und mehr an günstigen Rastplätzen sind keine Seltenheit. Wenn sich das Wetter verschlechtert, etwa bei strengem Frost, kann

Die Seetaucher besiedeln unterschiedliche Areale der nördlichen Erdhalbkugel, wobei sich ihre Brutgebiete teilweise überschneiden. Die auf die Zonen um den Polarkreis beschränkten Gelbschnabel-Eistaucher, die Prachttaucher (Verbreitungsgebiete dieser Arten nicht abgebildet) und die Sterntaucher kommen sowohl in Nordamerika als auch in Eurasien vor. Sie brüten in der Regel nördlich des 50. Breitengrads. Die Eistaucher dagegen sind vornehmlich auf Nordamerika beschränkt; lediglich kleinere Populationen von Eistauchern, die im Westen Grönlands und auf Island nisten, ziehen im Herbst über den Atlantik und verbringen den Winter an den europäischen Küsten. Hier treffen sie auf Verwandte aus Europa und Asien, die innerhalb der Kontinente gen Süden gewandert sind. Ebenso dienen die Ostküste der USA bis Florida und die Pazifikküsten bis etwa zum Wendekreis des Krebses den Seetauchern als Winterquartiere.

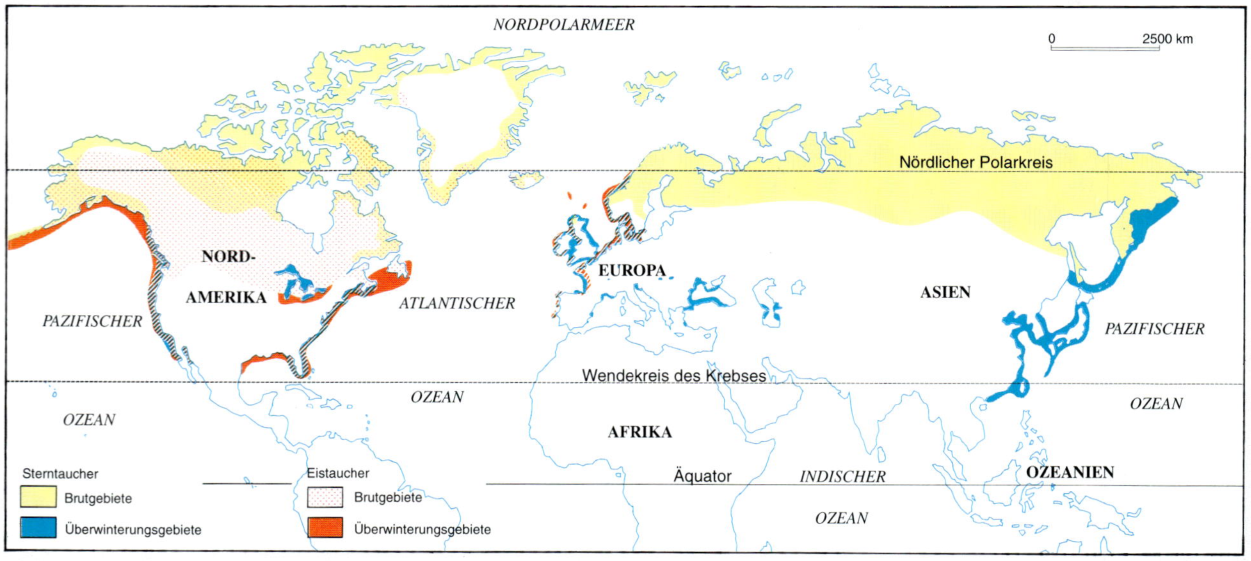

es jedoch zu massenhaften Abwanderungen von Seetauchern aus den betroffenen Gebieten kommen. In Frankreich ziehen dann bisweilen mehrere hundert Vögel durch den Ärmelkanal über das Kap Gris-Nez nördlich der Stadt Boulogne-sur-Mer weiter nach Süden.

Konkurrenz unter den Arten?

Da die Sterntaucher noch kleinste Brutgewässer nützen können, gibt es für sie keine wirklichen Nahrungskonkurrenten. Nur Prachttaucher kommen ihnen manchmal an größeren Seen ins Gehege, wenn beide Arten nicht weit voneinander entfernt nisten. Doch ist dies selten der Fall, da Prachttaucher im allgemeinen an größeren und tieferen Seen brüten.

Auch im Winter, wenn sich verschiedene Seetaucherarten an denselben Küsten aufhalten, gibt es keine Konkurrenz, denn jede Seetaucherart fängt andere Fische. Eine Untersuchung, die der dänische Ornithologe F. J. Madsen 1957 an einer gemischten Gruppe von Seetauchern vornahm, zeigte, daß der Kabeljau fast 71 % der von Sterntauchern gefangenen Beutetiere ausmacht, während sich die Prachttaucher zu 90 % von Stichlingen ernähren. Gelegentlich fischen die verschiedenen Seetaucherarten im Winter sogar in gemischten Gruppen.

Wenn im Mai das Eis schmilzt, kehrt der Sterntaucher zurück in die arktische Tundra. An einem der unzähligen Seen baut er sein Nest, vorzugsweise auf einer kleinen Insel. Sofern in seinem Brutgewässer keine Fische leben, muß der Vogel zur Nahrungssuche größere Gewässer in der weiteren Umgebung aufsuchen.

Seetaucher in Not

Mehr noch als alle natürlichen Feinde der Seetaucher verursachen Menschen indirekt durch ihre Tätigkeiten oder direkt durch ihre Anwesenheit hohe Verluste im Bestand der scheuen Vögel.

Zu allen Zeiten wurden die Seetaucher von den Inuit und den Indianerstämmen der nördlichen Regionen bejagt. Sie stellten aus dem Balg der Vögel Kleidungsstücke her, und in manchen abgelegenen Gegenden werden die Hals- und Brustfedern des Prachtkleides der Seetaucher noch immer verwendet, um Gegenstände und Kleider zu schmücken. Nach wie vor ist das Fleisch der Tiere in den arktischen Regionen eine geschätzte Speise, und auch die Eier gelten als Delikatesse.

Störenfried Mensch

Erst in diesem Jahrhundert haben die Beeinträchtigungen in solchem Maß zugenommen, daß viele als Brutgewässer geeignete Seen verwaist sind. Die äußerst scheuen Seetaucher ertragen es nicht, wenn Menschen in ihr Revier eindringen. Durch die Erdölförderung in Alaska beispielsweise wurden zahlreiche Regionen, in denen die Seetaucher früher brüteten, entvölkert.

Am stärksten bedroht sind die Seetaucher jedoch an den südlichen Rändern ihrer Verbreitungsgebiete. Jüngste Untersuchungen in den USA haben ergeben, daß die Nutzung der Seen als Freizeitgelände eine schnelle Verringerung des Eistaucherbestandes nach sich zog; gleiches gilt auch für die Prachttaucher an finnischen Seen.

Mittlerweile sind die Seetaucher zwar in nahezu allen Ländern, in denen sie vorkommen, geschützt, doch bis vor kurzem wurden sie noch von den Fischern verfolgt, die diese Vögel als schädliche Konkurrenten betrachteten. Vor allem in Schottland und Norwegen ging der Rückgang der Seetaucherpopulationen im letzten Jahrhundert auf deren Konto. Heutzutage ist der industriell betriebene Fischfang die Ursache für die erhöhte Mortalität. Immer wieder geraten Seetaucher in die Fischernetze. Jedes Frühjahr verenden allein auf den Großen Seen in Nordamerika weit mehr als 300 Seetaucher, die auf dem Rückweg nach Norden sind, in den Netzen von Berufsfischern.

Angewiesen auf reines Wasser

Von der Verschmutzung der Gewässer, gleichgültig, ob von Flüssen, Seen oder vom Meer, geht die größte Gefahr für die Seetaucher aus. Mehrere Faktoren spielen hier zusammen. Pestizide, die weltweit eingesetzt werden, und der saure Regen verändern die Gewässerflora und -fauna derart, daß die Fische – die Lebensgrundlage aller Seetaucher – verschwinden. Ähnliche Folgen zieht die Überdüngung durch vermehrten Eintrag von Nährstoffen nach sich.

Die von bestimmten Industriezweigen eingeleiteten Schwermetalle haben schon mehr als einmal zu einem Massensterben geführt. Durch solche Stoffe gingen im Jahr 1983 vor der Küste von Florida 7500 Eistaucher zugrunde. Die erhöhte Trübung der Gewässer durch Schwebstoffe schließlich beeinträchtigt die Seetaucher beim Jagen, da sie die Fische nicht mehr erkennen können. Die Wasservögel reagieren auf eine Verschlechterung der Bedingungen in ihrem Lebensraum besonders empfindlich und sind deshalb ausgezeichnete Gradmesser für die Wasserqualität.

Auch eine Katastrophe wie die von Tschernobyl zieht Folgen nach sich, die sich, selbst wenn sie gegenwärtig schwer abschätzbar sind, bestimmt auf die Seetaucher auswirken, da sie am Ende einer Nahrungskette stehen.

Die Hauptursache für das vorzeitige Sterben vieler Seetaucher ist jedoch die Verschmutzung der Meere durch Erdöl. Neben den Alken, Papageitauchern und Lummen, den Eiderenten, Trauerenten und Sägern, den Kormoranen und Baßtölpeln zählen die Seetaucher zu den am stärksten betroffenen Vögeln. Die Tiere erfrieren oder verhungern, da ihr von Erdöl verklebtes Gefieder wasserdurchlässig wird und sie nicht mehr tauchen können. Schon wenn das Federkleid nur geringfügig verschmutzt ist, laufen die Seetaucher Gefahr, sich an den winzigen Öltröpfchen, die sie beim Reinigen ihres Gefieders aufnehmen, zu vergiften.

Vorbildliche Schutzmaßnahmen in Amerika

Der besorgniserregende Schwund des Eistaucherbestandes in Nordamerika hat Naturschutzorganisationen und die öffentliche Hand dazu veranlaßt, umfassende Maßnahmen zur Rettung der Art zu ergreifen. Freiwillige Helfer setzten Hunderte künstlicher Flöße auf den Seen aus, um fehlende natürliche Inselchen auszugleichen. Diese Vorrichtungen schützen die Eistaucher außer vor Feinden auch vor Schwankungen des Wasserstandes, die in regenreichen Jahren häufig zum Verlust der Brut führen. Außerdem wurden Schutzgebiete eingerichtet, mit dem Erfolg, daß die Eistaucherpopulationen wieder anwuchsen.

Vor einigen Jahren startete der Bundesstaat Minnesota, in dem die meisten Eistaucher der USA leben, eine Informationskampagne über diesen Vogel, der Wahrzeichen des „Bird State" ist. Im Zuge dieser Aktion entstand eine wahre „Eistaucher-Manie". T-Shirts, Briefmarken, Anstecknadeln – alles wurde mit dem Abbild des Vogels versehen. Auch jenseits der Grenze zollen die Menschen der Art ihren Respekt: Ein Eistaucher ziert die kanadische 1-Dollar-Münze.

Der US-Bundesstaat Minnesota trägt den Eistaucher in seinem Wappen – nirgendwo sonst ist das öffentliche Interesse am Schicksal dieser Vögel so groß wie dort. Die Art, deren Bestand in den ersten Jahrzehnten dieses Jahrhunderts stark zurückging, ist Gegenstand zahlreicher Schutzmaßnahmen, von denen einige mit reger Beteiligung der Medien in Angriff genommen wurden. Das Engagement von Presse, Radio und Fernsehen hatte zur Folge, daß im Lauf der letzten 10 Jahre ein wahrer Eistaucherboom ausbrach und Gegenstände aller Art mit dem dekorativen Vogel verziert wurden.

WALROSSE

So unbeholfen und plump diese mächtigen Robben an Land wirken, so erstaunlich wendig sind sie im Wasser. Im „Kopfstand“ bewegen sie sich langsam über den Meeresboden, um mit ihren kräftigen Barthaaren Schnecken und Muscheln zu ertasten, die sie mit großer Kraft aus ihren Gehäusen saugen. Die langen Stoßzähne benötigen sie bei der Nahrungssuche nicht; diese Waffen dienen nur dazu, Artgenossen zu beeindrucken.

Obwohl die Walrosse keine Ohrmuscheln haben, stehen sie den Ohrenrobben, zu denen etwa die Seelöwen zählen, stammesgeschichtlich näher als den Hundsrobben. Da sie schon vor langer Zeit einen eigenen Entwicklungsweg eingeschlagen haben, werden sie von den Robbenforschern in eine spezielle Familie gestellt.

Vor 20 Mio. Jahren, im frühen Miozän, lebten im nördlichen Pazifik Ohrenrobben, deren Ohren, Gehirn und Zähne noch denen von Landraubtieren ähnelten. Aus diesen Stammformen entstanden verschiedene artenreiche Linien, deren Vertreter jedoch im Lauf der Zeit ausstarben.

Auch die Walrosse haben ihre Blütezeit bereits hinter sich. Wann sich diese Familie von den Ohrenrobben getrennt hat, ist noch nicht bekannt. Vor etwa 12 Mio. Jahren waren die Walrosse die häufigste und die artenreichste Robbenfamilie im Nordpazifik. Einige dieser Formen waren Fischfresser, andere hatten sich auf eine Mischnahrung aus Weichtieren und Wirbellosen aus den Tiefen des Meeres umgestellt. Wahrscheinlich gab es aber auch schon Arten, die sich vor allem von Muscheln und anderen Weichtieren des Meeresgrundes ernährten. Allerdings gehörten diese Tiere einer inzwischen ausgestorbenen Walroßgruppe an.

Vor 8–5 Mio. Jahren gelangten die Walrosse über die Meerenge, die damals Nord- und Südamerika trennte, in den Atlantik. Diese Einwanderer besaßen bereits auffällig verlängerte Stoßzähne. Im Atlantischen Ozean entstanden ebenfalls mehrere Gattungen, darunter *Odobenus*, zu der auch das heutige Walroß zählt. Im Pazifik begannen die Walrosse langsam auszusterben; zeitgleich breiteten sich die modernen Ohrenrobben vor 5 bis 4 Mio. Jahren, zu Beginn des Pliozäns, überall in diesem Ozean aus und eroberten sogar die Tropen und die südliche Erdhalbkugel. Erst vor etwa 300 000 Jahren gelangten wieder Walrosse in den Pazifik – diesmal jedoch über die Arktis.

Nur eine Art dieser einst so formenreichen Robbenfamilie hat bis heute überlebt. Sie besiedelt den Norden des Atlantischen und des Pazifischen Ozeans. Unter den Robben ist das Walroß mit seiner Ernährungsweise und seinem Körperbau einzigartig und nimmt deshalb eine herausragende Stellung ein.

Wenn sich die imposanten Walrosse wohlig in der Sonne rekeln, ist ihre fast nackte Haut stark durchblutet und erhält dadurch eine rötliche Farbe. Viele Stunden lang können die Tiere so auf den Felsen liegen, bevor sie zum Fressen ins Meer zurückkehren. Den größten Teil des Jahres verbringen sie jedoch im Wasser und auf Eisschollen, die ihnen als Ruheplätze dienen.

Bei schönem Wetter versammeln sich oft Tausende von Walrossen an den Sand-, Fels- oder Eisküsten der Arktis. Für einen guten Ruheplatz legen diese Herden mitunter beträchtliche Entfernungen zurück; manche Strände, wie beispielsweise die von Round Island, einer kleinen Insel in der Bristol Bay, die im Südwesten von Alaska liegt, sind dann überfüllt mit dösenden Tieren, die sich in den wärmenden Sonnenstrahlen ausstrecken.

Stoßzahn an Stoßzahn liegen die Walrosse zusammen, wobei ihre dicke Haut sie vor Verletzungen schützt. Die drangvolle Enge ist in den kalten Regionen der Arktis vor allem zur Aufrechterhaltung der Körpertemperatur notwendig.

Strandleben nach klaren Regeln

Walrosse sind sicherlich die geselligsten aller Säugetiere. Sie tummeln sich zu Dutzenden im Wasser oder liegen dicht gedrängt zu Hunderten, ja zu Tausenden an den Stränden. Eine solche Ansammlung ist keineswegs chaotisch, sondern unterliegt bestimmten Regeln.

Die Position der einzelnen Tiere variiert je nach Jahreszeit, doch bei den großen Herden an Land halten sich die Jungen stets am Rand der Gruppe auf, und die inneren Plätze – die begehrtesten – sind bei gemischten Gruppen den alten Bullen mit ihren besonders langen Stoßzähnen und dem stattlichen Gewicht vorbehalten. Ihre Autorität ist in der Gemeinschaft allseits anerkannt. Wer eine solche bevorzugte Position innehat, wird von den anderen Walrossen respektiert, und in der Regel macht ihm kein Rivale diesen Platz streitig.

Dies gilt allerdings mitunter nur für kurze Zeit. So kann etwa ein dominantes Männchen, das sich bei einem Zweikampf nicht erfolgreich verteidigt, seine hohe Stellung leicht verlieren. Dieser Bulle wird sofort abgesetzt, auf eine rangniedere Position zurückgestuft und dadurch aus dem Kern des Verbandes ausgestoßen. Dann zieht er oft einige Zeit allein umher, bis er sich irgendwann wieder mit Artgenossen zusammenschließt.

Bewährte Solidarität

Der Gruppenzusammenhalt ist sehr groß, und die Walrosse beweisen sich bei jeder Gelegenheit ihre Solidarität. Wird beispielsweise ein Tier an Land angegriffen, eilen ihm sämtliche Alttiere mit erstaunlicher Behendigkeit zu Hilfe, indem sie ihre enorme Masse bis zum Feind wuchten. Wenn ein Gruppenmitglied im Wasser verletzt wird, helfen ihm die anderen Tiere, an Land zu kommen.

Unabhängig vom Alter suchen alle Walrosse den Körperkontakt zu Artgenossen, etwa durch Berührungen mit den Barthaaren, mit denen sie sich intensiv betasten. Das Leittier jeder Gruppe, das an Land einen zentralen Platz einnimmt, schwimmt im Meer den übrigen Mitgliedern des Verbandes voraus.

Doch nicht immer ist die Atmosphäre friedvoll; oft herrscht eine unterschwellige Aggressivität, hervorgerufen durch die drangvolle Enge und durch die Machtkämpfe zwischen erwachsenen Männchen.

Sozialstruktur

Die weiblichen Jungtiere bleiben, wenn sie sich von der Mutter gelöst haben, bei den Weibchen. Dagegen verlassen die männlichen Jungrobben spätestens im Alter von 4 Jahren diese Gruppe und bilden Trupps von Jugendlichen. Wie die Weibchen, aber getrennt von diesen, ziehen die Heranwachsenden im Sommer nordwärts. Mit 9 Jahren schließen sie sich einer Bullengruppe an.

Diese großen Verbände männlicher Tiere stellen die zweite dauerhafte Gruppenform der Walrosse dar. Sie halten sich meist in entlegenen nördlichen Gebieten auf, die weit von denen der gemischten Gruppen entfernt liegen. Einzelgänger sind bei Walrossen selten. Nur kranke und verletzte Tiere oder alte Männchen, die keinen hohen Rang mehr erkämpfen können, leben abseits der Verbände.

Pfeifende Wächter

Am zahlreichsten versammeln sich Walrosse an den Küsten, wenn es windstill und wärmer als 15 °C ist. Dicht bei ihren Artgenossen, an strategisch besonders günstigen Punkten an Land und im Wasser postiert, übernehmen bestimmte Tiere die Rolle der Wächter. Sie beobachten stets aufmerksam ihre Umgebung und richten sich gelegentlich auf, um besser sehen zu können. Bei der geringsten Gefahr geben sie mit einem charakteristischen Pfiff Alarm. Auf dieses Signal hin flüchten alle Walrosse vom Strand sofort gemeinsam ins Meer, und die erwachsenen Tiere bereiten sich auf die Verteidigung vor.

Im Wasser, in das sie beim geringsten Anzeichen von Gefahr flüchten, bilden die Walrosse kleinere Gruppen als an Land. Sie werden von einem alten Bullen geleitet.

Reiche Beute am Meeresboden

Walrosse verbringen einen Großteil ihrer Zeit im Wasser und suchen in den flachen Küstengewässern mit sandigem Boden nach Nahrung. Hierbei können sie bis zu 10 Minuten untergetaucht bleiben. Meist finden sie ihre Beutetiere in 10–50 m Tiefe, doch sie können bis zu 300 m tief hinabtauchen.

Winzige Happen für einen riesigen Magen

Wie die Walrosse ihre Nahrung genau aufnehmen, konnte im Freiland bisher nicht beobachtet werden. Als sicher gilt jedoch, daß die Tiere ihre Stoßzähne nicht oder nur sehr selten beim Beutefang einsetzen; anderenfalls hätten die Zoologen eindeutige Abnutzungen an den Zähnen festgestellt. Dennoch konnten die Wissenschaftler anhand charakteristischer Spuren die ungewöhnlichen Freßgewohnheiten der großen Robben rekonstruieren.

Die Beute der Walrosse ist winzig im Verhältnis zur Körperlänge der Jäger, die mehr als 3 m betragen kann; im Durchschnitt sind die Beutetiere nur 15 cm groß. Besonders gern fressen Walrosse Klaffmuscheln *(Mya truncata)*, Grönländische Herzmuscheln *(Serripes groenlandicus)* und Arktische Felsenbohrer *(Saxicava arctica)*, ebenfalls eine Muschelart. Alle diese Arten kommen auf dem Festlandsockel, wo die Walrosse auf Beutefang gehen, besonders häufig vor. Weibchen und Jungtiere verzehren auch kleine Muscheln wie Astarten und Tellmuscheln sowie verschiedene Würmer des Meeresbodens. Beutetiere aus anderen Tierstämmen, etwa Stachelhäuter, Krebstiere oder kleine Fische wie Polardorsche, stehen nur selten auf dem Speisezettel dieser Jäger.

Zur Nahrungssuche schwimmen die Walrosse wahrscheinlich langsam kopfunter über den Meeresboden, wobei sie mit ihren rund 450 hochempfindlichen Tasthaaren über den Grund streichen. Sobald sie ein Opfer entdeckt haben, verschlingen sie seine Weichteile und lassen die Schale liegen. Wie sie dies anstellen, ist noch nicht genau geklärt; vermutlich saugen sie das Tier aus seiner schützenden Hülle. Sie können im Mundraum einen Unterdruck von mindestens 1 Atmosphäre erzeugen. Bei Experimenten stellten Forscher fest, daß diese Saugkraft ausreicht, um ein Weichtier aus der Schale zu lösen.

Wenn die Muschel im Boden fest verankert ist, wühlen die Walrosse häufig mit ihrer Schnauze nach Schweinemanier den Boden auf, bis sie sie gelöst haben. Die Tiere können jedoch auch durch Kontraktion ihrer kräftigen Wangenmuskeln einen derart starken Wasserstrahl ausstoßen, daß selbst tief eingegrabene Beute ins Freie gewirbelt wird.

Meist beschränken sich die Walrosse auf wenige Arten, von denen sie jedoch große Mengen fressen. Im Verlauf eines Beutezuges können die Kolosse 3000–6000 Muscheln aufnehmen. Bei ihren Untersuchungen an toten Walroßbullen stellten Wissenschaftler fest, daß ihr Magen fast 50 kg Fleisch dieser Weichtiere enthalten kann. Ausgewachsene Walrosse verschlingen jährlich etwa 20 t Wirbellose.

Ihre hochempfindlichen Barthaare setzen die Walrosse nicht nur zum Ertasten ihrer Beutetiere am Meeresgrund ein, sondern auch zur Kontaktaufnahme mit Artgenossen.

Echte Raubtiere

Auch wenn sich Walrosse in erster Linie von Muscheln ernähren, greifen sie gelegentlich Säugetiere an und zeigen dabei, daß sie durchaus große Beute überwältigen können. So lauern die Jäger auf dem Eis Ringelrobben auf, bis diese zum Atemholen in ihrem Loch auftauchen; dann erdrücken sie die Beute mit den Vorderflossen. Nun schlagen sie ihr die Stoßzähne in den Leib und zerfetzen diesen durch Schüttelbewegungen. Neben Ringelrobben stellen Walrosse auch Bartrobben und vereinzelt sogar jungen Artgenossen nach. Fachleute nehmen allerdings an, daß diese Säugetiere nur in Mangelzeiten getötet und verzehrt werden.

Schon früh am Morgen begeben sich die Walrosse zu einem ersten ausgiebigen Frühstück ins Meer. Nach einem langen Tauchgang, der etwa 10 Minuten dauert, müssen sie mehrere Minuten an der Wasseroberfläche verweilen, um genügend Sauerstoff zu tanken, bevor sie erneut auf Muschelsuche gehen.

Meist verläßt die ganze Gruppe gemeinsam den Strand, und die Tiere lassen sich elegant in die Fluten gleiten.

Stattliche Kämpfer mit imposanten Waffen

In der Fortpflanzungszeit werden männliche Walrosse, die sonst friedliche Bullenherden bilden, zu erbitterten Rivalen. Sie präsentieren ihre eindrucksvollen Eckzähne, die wesentlich größer sind als die der Weibchen, und versuchen auf diese Weise, andere Männchen einzuschüchtern. Wenn dieses Imponiergehabe nicht von Erfolg gekrönt ist, kommt es zu einem Kampf, in dessen Verlauf sie die spitzen Stoßzähne einsetzen. Diese hauerartig verlängerten Eckzähne sind durchaus geeignet, dem Gegner tiefe Wunden zuzufügen. Zu Beginn der Auseinandersetzung richten sich die angriffslustigen Kontrahenten auf ihren Vorderflossen auf, fordern einander drohend heraus und schwingen ihre Zähne wie Schwerter; gibt jetzt noch keines der beiden Tiere auf, schlagen sie mit ihren Waffen aufeinander ein, bis eines von ihnen das Weite sucht. Häufig lassen die heftigen Stöße deutlich sichtbare Narben auf der Haut zurück. Das Männchen, das aus dem Kampf als Sieger hervorgeht, steigt im Rang und stellt nun hocherhobenen Hauptes seine Zähne zur Schau. Diese Demonstration von Macht und Stärke beeindruckt auch die Weibchen, die bei der Partnerwahl den erfolgreichen Männchen den Vorzug geben.

Fortpflanzung der Kolosse

In den Monaten Januar bis April finden sich die paarungsbereiten Walroßweibchen in großer Zahl an ganz bestimmten Stellen ein. Zeitgleich zieht es auch die Bullen an diese Orte; allerdings gelingt es nur wenigen kräftigen Männchen, in die Nähe dieser Paarungsplätze zu gelangen. Auf einen Bullen kommen etwa 15 weibliche Tiere.

Die Männchen beziehen eine Station, an der sie sich imponierend zur Schau stellen, um Weibchen anzulocken und Konkurrenten einzuschüchtern. Je ranghöher die Tiere sind, desto attraktivere Standorte können sie erkämpfen. Mit verschiedenen Grunz-, Bell- und Pfeiftönen, die sie beim Schwimmen an der Wasseroberfläche ausstoßen, und weiteren Lauten unter Wasser versuchen sie, die Aufmerksamkeit möglicher Partnerinnen auf sich zu lenken.

Wenn diese sich für einen Partner entschieden haben, lassen sie sich zu ihm ins Wasser gleiten. Die Paarung wurde noch nicht beobachtet, doch findet sie vermutlich unter Wasser statt.

Bärtige Babys

Wie alle Robben suchen die Walrosse zur Aufzucht ihrer Jungen Land bzw. größere Eisschollen auf. Etwa 15 Monate nach der Paarung kommt ein Jungtier zur Welt. Die eigentliche Tragzeit beträgt nur 11 Monate; erst 4 Monate nach der Befruchtung nistet sich der Keim in die Gebärmutterschleimhaut ein. Dieses Phänomen der verzögerten Einnistung ist bei Robben weit verbreitet (siehe Kasten Seite 13).

Bei der Geburt wiegt das Walroß 60–65 kg und ist ungefähr 1,20 m lang. Bereits 2–3 Monate vor der Geburt hat es sein erstes Fell abgestoßen, die weiche weiße Lanugo. Nun trägt es das graubraune Fell, das die jungen Walrosse auszeichnet. Nur der dicke Bart, der die Schnauze des Neugeborenen ziert, ist hell gefärbt.

Während die Jungtiere ein dunkles Fell besitzen, sind die erwachsenen Walrosse äußerst spärlich behaart (Abbildung unten).

Eine lange Säugezeit

Viele Robben entwöhnen ihre Jungen nach wenigen Wochen, doch Walrosse werden bis zu 2 Jahre lang gesäugt. Wenn sie 1 Jahr alt sind, haben sie ihr Geburtsgewicht verdreifacht.

Nach ihrer Entwöhnung können die Jungen noch 2–4 Jahre in der Gruppe der Mutter bleiben. Da die großen Robben ihre Babys mehr als 1 Jahr säugen, paaren sie sich frühestens 2 Jahre nach der Geburt erneut. Walrosse haben damit eine deutlich geringere Fortpflanzungsrate als etwa Sattelrobben, die Jahr für Jahr Nachwuchs bekommen. Weibchen werden mit 5–6 Jahren geschlechtsreif, Männchen erst mit 9–10 Jahren.

Bei großer Kälte schützt die Walroßmutter ihr Neugeborenes, indem sie es zwischen die Vorderflossen unter ihre Brust nimmt. Sie läßt es nur allein, um im Meer nach Nahrung zu suchen.

Bereits bei der Geburt haben die kleinen Walrosse den typischen Bart. Ihre Stoßzähne wachsen allerdings erst später; bei einjährigen Tieren sind sie 2,5 cm lang, bei zweijährigen 10 cm.

▶ *Außerhalb der Fortpflanzungszeit leben erwachsene Männchen getrennt von den Weibchen mit ihren Jungtieren und bilden dann häufig riesige Herden.*

Walroß

Odobenus rosmarus

	WALROSS
Art:	*Odobenus rosmarus*
Familie:	Walrosse
Ordnung:	Robben
Klasse:	Säugetiere
Merkmale:	Kleiner Kopf mit zahlreichen dicken, kurzen Barthaaren; rauhe, beige bis dunkelbraun gefärbte, spärlich behaarte Haut; kein Schwanz. Obere Eckzähne der Männchen bis zu 1 m, der Weibchen bis zu 0,5 m lang
Maße:	Körperlänge Weibchen 2,30–2,90 m, Männchen 2,50–3,60 m
Gewicht:	Im Atlantik Weibchen durchschnittlich 570 kg, Männchen 750 kg; im Pazifik Weibchen 812 kg, Männchen 1215 kg
Verbreitung:	Beringmeer und Tschuktschensee; Ostkanada und Grönland, Spitzbergen und Nowaja Semlja; Laptewsee
Lebensraum:	Kalte Meere; Packeis, Eisschollen, Felsküsten
Nahrung:	Vorwiegend Muscheln und andere Wirbellose
Sozialstruktur:	Außerhalb der Fortpflanzungszeit nach Geschlechtern getrennte Herden
Geschlechtsreife:	Weibchen mit 5–6 Jahren, Männchen mit 9–10 Jahren
Fortpflanzung:	Paarungen von Dezember bis April
Tragzeit:	Etwa 15 Monate
Anzahl der Jungen pro Geburt:	1
Geburtsgewicht:	60–65 kg
Lebensdauer:	Bis 40 Jahre
Bestand:	Nach Schätzungen im Jahr 1991 250000 Tiere

Das Walroß gehört zu den größten Robbenarten; erwachsene Männchen können ein Gewicht von 1,5 t erreichen. Die Haut der Flossen ist wie die der Lippen und Nasenlöcher unbehaart. Am übrigen Körper trägt sie etwa 1 cm lange, steife Borsten, die den Eindruck eines stark gelichteten Haarkleides machen. Beim Kontakt mit eiskaltem Wasser ziehen sich die Blutgefäße der Haut zusammen, so daß sie blaß aussieht. Wenn das Tier in der Sonne liegt, erweitern sie sich, und die Haut erhält dadurch eine rötliche Färbung. Das Walroß wechselt sein Haarkleid einmal jährlich; bei diesem Prozeß löst sich die äußere Hautschicht mit den Haaren ab, nachdem sich darunter eine neue Haut gebildet hat.

An Land bewegt sich das Tier auf seinen vier Flossen fort, wobei sein Bauch auf dem Boden schleift. Die Flossen haben jeweils fünf „Finger“ mit kurzen Krallen. Im Wasser treibt sich das Walroß durch seitliche Bewegungen der Hinterflossen voran. Es schwimmt mit einer Durchschnittsgeschwindigkeit von 7 km/h, kann jedoch für kurze Zeit auch bis zu 35 km/h erreichen.

Im Unterschied zur Sattelrobbe, die sich vorwiegend mit dem Gesichtssinn orientiert, besitzt das

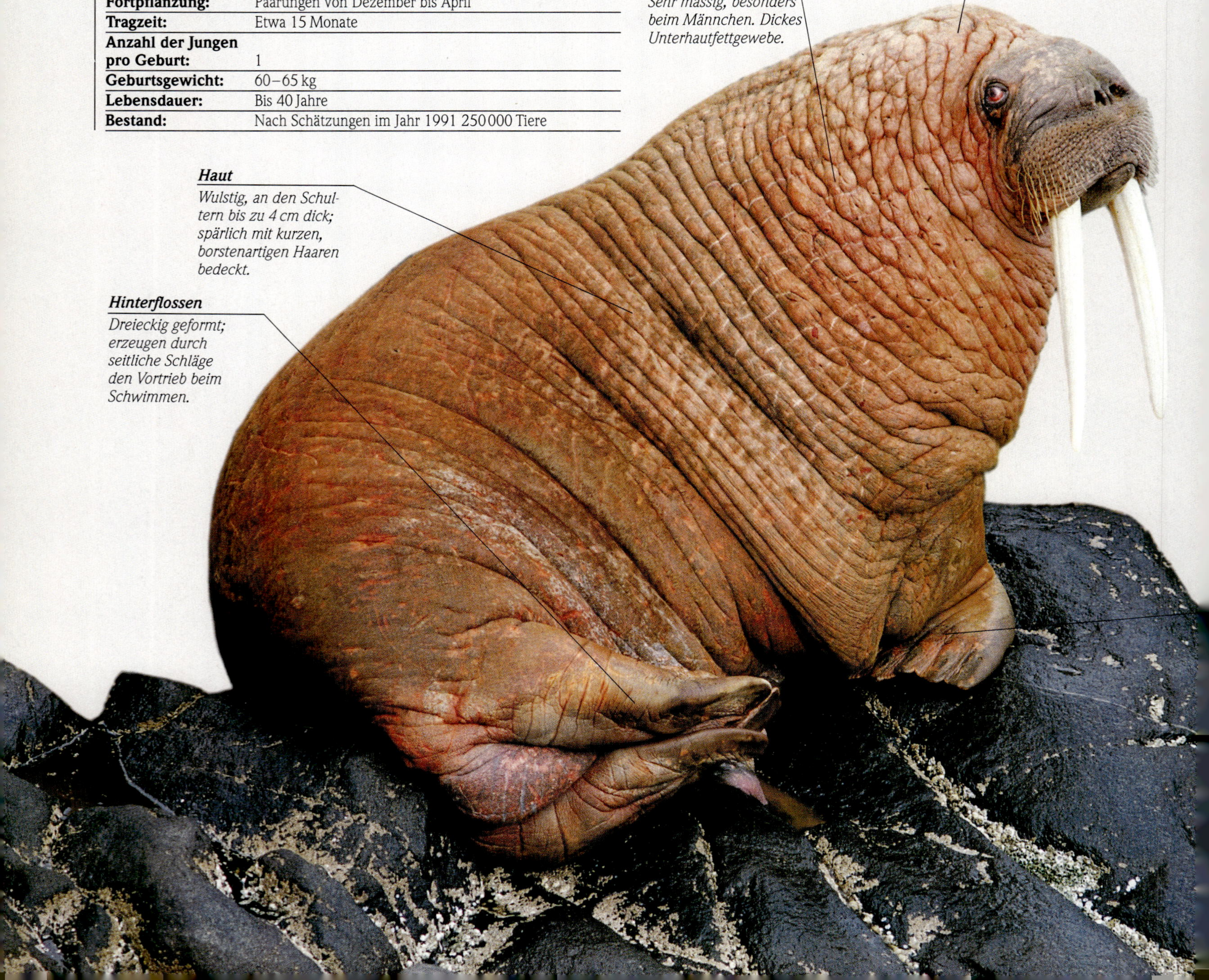

Kopf
Im Verhältnis zum Körper recht klein, nicht deutlich abgesetzt; keine Ohrmuscheln, kleine Augen.

Körper
Sehr massig, besonders beim Männchen. Dickes Unterhautfettgewebe.

Haut
Wulstig, an den Schultern bis zu 4 cm dick; spärlich mit kurzen, borstenartigen Haaren bedeckt.

Hinterflossen
Dreieckig geformt; erzeugen durch seitliche Schläge den Vortrieb beim Schwimmen.

Walroß sehr kleine Augen. Da die Barthaare dieser Robbe sehr stark entwickelt sind, nehmen Wissenschaftler an, daß der Tastsinn für sie besonders wichtig ist.

Männliche, seltener auch weibliche Walrosse besitzen paarige Aussackungen, die an den Seiten des Schlundes entspringen und sich unter der Nackenhaut entlangziehen. In diese sogenannten Schlundtaschen können die Tiere aus der Lunge Luft hineinpressen. Dann blähen sich die Säcke auf und dienen als Resonanzkörper, mit deren Hilfe die Robben vor allem unter Wasser dumpfe, glockenartige Töne erzeugen, um die Aufmerksamkeit der Weibchen auf sich zu lenken. Neben der Lauterzeugung haben die Schlundtaschen eine weitere wichtige Funktion: Wenn sie mit Luft gefüllt sind, verleihen sie den Tieren so viel Auftrieb, daß diese an der Oberfläche dümpeln können.

Die Unterarten

Die Zoologen kennen zwei Unterarten, die geographisch klar voneinander getrennt sind.

Das Pazifische Walroß *(Odobenus rosmarus divergens)* ist die größere Form. Die Stoßzähne der Männchen erreichen im Durchschnitt eine Länge von 50 cm. Diese Unterart lebt vorwiegend im Beringmeer und in der Tschuktschensee; eine weitere Population, deren Vertreter nicht ganz so groß werden, besiedelt die Laptewsee.

In Ostkanada, Grönland und Nordeuropa kommt das Atlantische Walroß *(Odobenus rosmarus rosmarus)* vor. Die Stoßzähne der Männchen werden durchschnittlich 35 cm lang.

Vorderflossen
Wie die Hinterflossen unbehaart; von zahlreichen Blutgefäßen durchzogen. Enden in fünf krallenbesetzten „Fingern“; quadratisch geformt.

Besondere Merkmale

Bart
Einzigartig ist der „Bart“ des Walrosses, der aus rund 450 Tasthaaren besteht, die ständig weiterwachsen. Jedes dieser etwa 3 mm dicken Haare wird durch eigene Blutgefäße versorgt. An jedem Barthaar endet ein Nerv, der sich dann in viele hundert Endigungen verzweigt und leichteste Berührungen des Tasthaares registriert. Möglicherweise kann das Tier mit diesem Sinnesorgan auch Risse im Packeis aufspüren. Bei der Nahrungssuche nutzt sich der Bart des Walrosses ständig ab. Da die Robbe ihre Stimmungen nicht durch Mimik ausdrücken kann, übernimmt der Bart vergleichbare Aufgaben; wenn das Walroß etwa seine Haare aufstellt, signalisiert es seinen Artgenossen Aggressivität.

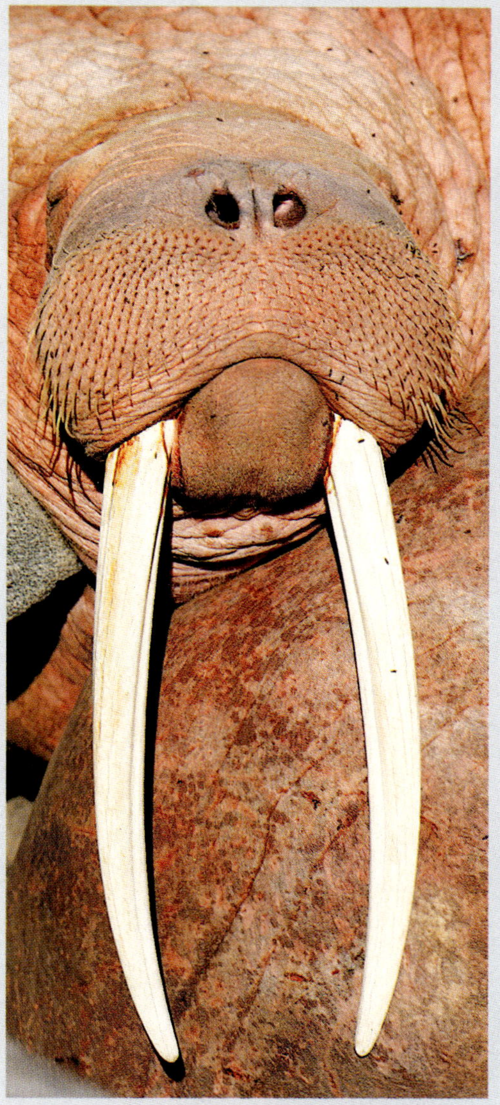

Zähne
Im Unterschied zu den Elefanten, deren Stoßzähne umgewandelte Schneidezähne sind, haben Walrosse stark verlängerte Eckzähne, die ein Leben lang wachsen. Sie können bei alten Bullen bis zu 1 m Länge und 5,4 kg Gewicht erreichen. Die Eckzähne fungieren als eine Art Rangabzeichen, denn Walrosse mit längeren Hauern sind in Auseinandersetzungen Tieren mit kürzeren in der Regel überlegen. Auch die oberen Eckzähne der Weibchen sind zu Stoßzähnen umgebildet; diese bleiben jedoch kürzer und schlanker als die der Männchen. Außer diesen Eckzähnen besitzen die Walrosse im Oberkiefer ein Paar Schneidezähne sowie drei Vorbackenzähne in jeder Ober- und Unterkieferhälfte.

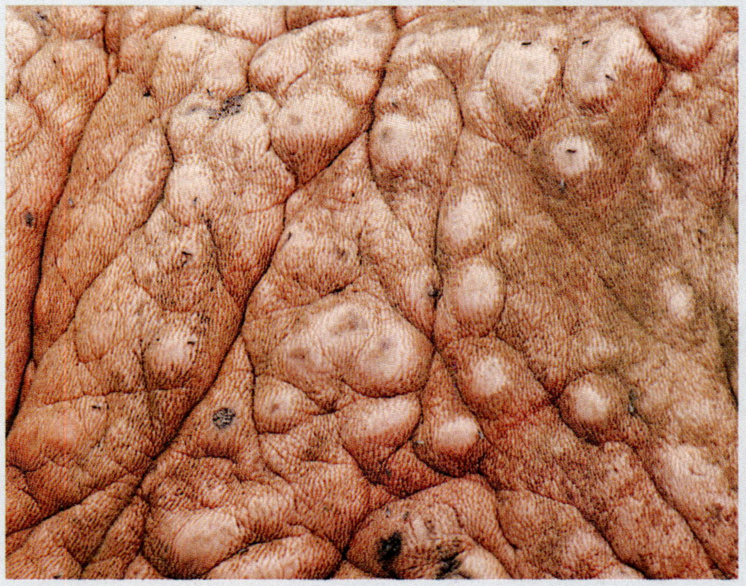

Haut
Die robuste Haut ist bei erwachsenen Tieren 2–4 cm dick. Sie hat eine sehr rauhe Oberfläche – vor allem bei alten Männchen, deren Nacken und Schultern mit vielen Narben, tiefen Furchen und knotigen Erhebungen übersät sind. Unter der Oberhaut liegt eine bis zu 15 cm dicke Fettschicht, die zu großen Wärmeverlust im kalten Wasser und auf dem Eis verhindert.

Schädel
Sowohl von der Seite als auch von oben betrachtet, hat der sehr massive Schädel des Walrosses eine nahezu rechteckige Form. Der Oberkieferknochen, in dem die mächtigen Eckzähne verankert sind, ist stark vergrößert. Ein Walroßbullenschädel kann bis zu 43 cm lang und 24 cm breit werden.

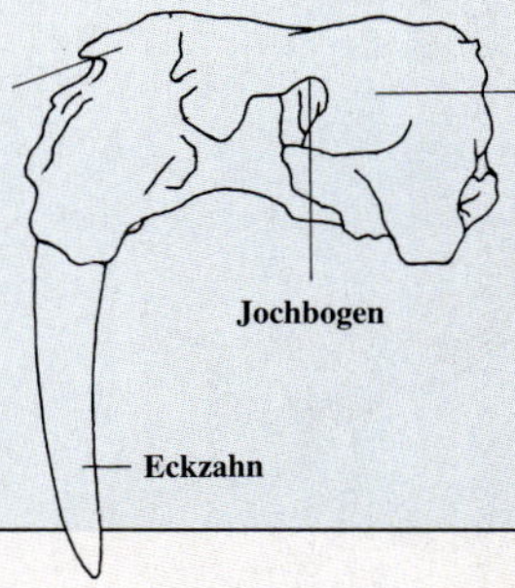

Walrosse in ihrem Lebensraum

Walrosse leben vorwiegend in den Treibeiszonen der Arktis. Sie verbringen einen großen Teil des Tages im Meer, doch lassen sie sich auch für viele Stunden auf Eisschollen oder an Felsküsten nieder, um sich auszuruhen. Das Verbreitungsgebiet dieser großen Robbenart liegt heute in erster Linie nördlich des Polarkreises, während sie früher auch im St.-Lorenz-Golf vorkam.

Weit verstreute Populationen

Von allen Walroßpopulationen sind die des Beringmeeres und der Tschuktschensee die größten. Wie viele Tiere in diesem Areal leben, läßt sich allerdings nur schwer feststellen; Fachleute schätzen, daß es dort noch etwa 200000 Tiere gibt. Im Atlantik, wo die Walrosse vor allem zu Beginn unseres Jahrhunderts massiv bejagt wurden, liegen die Bestände wesentlich niedriger. In Nordostkanada und Westgrönland leben rund 25000 Tiere, doch an den Küsten Ostgrönlands sowie in der Umgebung der Inselgruppen von Spitzbergen und Nowaja Semlja wurden die Populationen bis auf ungefähr 1000 Exemplare dezimiert.

Am wenigsten erforscht ist die Walroßpopulation in der Laptewsee im Norden Sibiriens; vermutlich gibt es in diesem isolierten Gebiet noch 3000–4000 Exemplare. Manche Zoologen ordnen diese Tiere sogar einer eigenen Unterart *(Odobenus rosmarus laptevi)* zu, doch da ihre Schädel deutlich denen der Pazifischen Walrosse ähneln, werden sie gewöhnlich zu dieser Unterart gezählt.

Geschlechtertrennung im Sommer

Die meisten Walroßpopulationen wechseln in Anpassung an die Bewegungen der Eismassen und die Ergiebigkeit ihrer Nahrungsgründe regelmäßig das Aufenthaltsgebiet. Manche Tiere der pazifischen Unterart legen Jahr für Jahr bis zu 3000 km zurück.

Im Herbst, wenn sich das Packeis in der Tschuktschensee ausbreitet, ziehen die Walrosse nach Süden. Während die Meere langsam zufrieren, bewegen sich die Tiere nahe der Packeisgrenze und lassen sich von treibenden Eisschollen tragen. Die Monate Dezember bis März verbringen sie im Südosten des Beringmeeres auf dem Packeis. Erst im Frühjahr, mit dem Rückzug des Eises, kehren sie durch die Beringstraße in den Norden zurück.

Der Großteil der Pazifischen Walrosse, vor allem die Weibchen und die Jungtiere, die noch nicht geschlechtsreif sind, übersommern von Juli bis September an den Küsten der Tschuktschensee. Ausgewachsene Männchen scheuen häufig diese lange Reise; sie bleiben auch im Sommer im Beringmeer, wo sie sich auf kleinen Inseln in großen Herden zusammenfinden.

Diese Geschlechtertrennung in der warmen Jahreszeit sorgt dafür, daß sich die Rivalitäten zwischen Männchen auf die Fortpflanzungszeit beschränken. Während der übrigen Monate gehen die Bullen mit ihren Geschlechtsgenossen, die sie sonst erbittert bekämpfen, sehr friedlich um.

Im Herbst, wenn die Weibchen sich wieder auf den Weg ins Beringmeer machen, trennen sie sich: die paarungsbereiten Tiere begeben sich zu den Fortpflanzungsplätzen, an denen die Bullen sie schon erwarten, und die Mütter mit ihren Jungtieren schwimmen zu eigenen Überwinterungsgebieten.

Nicht nur an Land, sondern auch im Wasser suchen die Walrosse die Gesellschaft von Artgenossen. In solchen Gruppen übernimmt in der Regel das kräftigste Tier die Führung, und ein anderes fungiert als Wächter. Auch bei den Wanderungen, die viele Walroßpopulationen zu gewissen Jahreszeiten unternehmen, finden sich mehrere Tiere zusammen. Heranwachsende Weibchen bleiben gewöhnlich in der Nähe ihrer Mutter, während sich halbwüchsige Männchen von der Weibchengruppe lösen und sich anderen Jungtieren oder erwachsenen Bullen anschließen.

Walrosse leben in einigen isolierten Populationen rund um die Arktis. In vorgeschichtlicher Zeit standen manche dieser Verbreitungsgebiete untereinander in Verbindung und waren wesentlich ausgedehnter, doch durch die intensive Bejagung wurden die Tiere im Lauf der Zeit so stark dezimiert, daß sie sich in recht kleine Areale zurückzogen.

Unbekannte Gefilde

Einzelne Walrosse wagen sich hin und wieder an Küsten vor, die außerhalb ihres Verbreitungsgebietes liegen. Ob diese Tiere besonders neugierig und wanderlustig sind oder ob sie den richtigen Weg nicht gefunden haben, ist allerdings nicht bekannt. So wurden bereits einige Pazifische Walrosse an der japanischen Insel Honshu und im Ochotskischen Meer gesichtet. Im Osten des Pazifischen Ozeans gelangen sie gelegentlich bis über Kodiak Island hinaus. Im Westatlantik besuchen die Tiere manchmal die Insel Neufundland, an der sie früher regelmäßig vorkamen. Auch im Osten dieses Ozeans dringen einige Walrosse weit nach Süden vor. Immer wieder werden einzelne Tiere in der Nähe von Island und an den Küsten Norwegens beobachtet.

Fressen und gefressen werden

Ähnlich wie die Regenwürmer, die den Erdboden durch ihre Tätigkeit auflockern, wühlen die Walrosse im Sediment des Meeresgrundes. Indem sie den Schlamm durcheinanderwirbeln, belüften sie ihn und befördern Nährstoffe ins freie Wasser. Damit beschleunigen die großen Robben den Abbau toter Organismen und den Stoffkreislauf. Sie spielen deshalb eine wichtige Rolle im Ökosystem der Arktis.

Im Unterschied zu fast allen anderen Robbenarten stehen die Walrosse weit unten in der Nahrungspyramide, da sie sich von Planktonfressern ernähren. Obwohl sie mit ihren Stoßzähnen einen sehr wehrhaften Eindruck machen, haben die Tiere verschiedene Feinde.

Ihre gefährlichsten Gegner im Wasser sind die Schwertwale oder Orkas. Sie können mit einem kräftigen Stoß eine Walroßmutter betäuben und daraufhin ihr Junges erbeuten. Wenn sich eine Orkagruppe einer Walroßherde nähert, geraten die Robben in Panik; hin und wieder schwimmen sie dann in ihrer Angst gegen Felsen und fügen sich dabei tödliche Verletzungen zu. In solchen Situationen können sie auch versuchen, einen Strand zu erreichen, um sich in Sicherheit zu bringen. Wenn dabei mehrere tausend Walrosse in größter Hast an Land gehen, werden zahlreiche Tiere erdrückt.

Weit weniger Angst haben die Walrosse vor Eisbären, die auf dem Eis auf Robbenjagd gehen. Die Bären erbeuten fast ausschließlich junge Tiere. Gesunde, erwachsene Walrosse zeigen meist keine Furcht vor den Räubern; sie greifen die Bären sogar häufig an und können sie dabei besiegen. Wenn sich ein Eisbär einer Mutter mit ihrem Jungen nähert, versucht das Weibchen in der Regel, seinen Nachwuchs zu verteidigen, und andere Gruppenmitglieder schließen sich häufig an. Um an das Kleine heranzukommen, muß der Jäger die übrigen Gruppenmitglieder von seinem Opfer trennen, was ihm nur selten gelingt.

Auf der Jagd nach Elfenbein

Für die Inuit war die Jagd auf Walrosse lebensnotwendig. Als jedoch Jäger aus den gemäßigten Zonen in den hohen Norden fuhren, um die großen Robben zu töten, hatten sie es vor allem auf die Stoßzähne und das Fett der Tiere abgesehen. Zu Hunderttausenden fielen ihnen die Kolosse zum Opfer, bis sie in manchen Gebieten kurz vor der Ausrottung standen. Seit diese Populationen unter Schutz stehen, beginnen sie sich langsam zu erholen.

Freilandforschung auf dem Packeis

Einer der Zoologen, die sich mit dem Verhalten der Walrosse eingehend beschäftigten, ist der Amerikaner Francis H. Fay. Er erforschte von 1981 bis 1984 Pazifische Walrosse in den Gewässern um Alaska. So stellte er die Verbreitung, die Sozialstruktur und die Todesursachen der Pazifischen Walrosse fest.

Andere Wissenschaftler versuchten, mehr über das Leben der rätselhaften Meeressäuger zu erfahren, indem sie diese mit einem Radiosender versahen. Um sich den Walrossen leichter und gefahrlos zu nähern, narkotisierten die Forscher einige Tiere mit Betäubungsgewehren. Die Walrosse fielen in einen kurzen Schlaf, den die Wissenschaftler nutzten, um sie mit dem Radiosender auszustatten, den sie an einem Stoßzahn befestigten. Dieser Sender stand mit einem Satelliten in Verbindung, über den sich jederzeit der genaue Aufenthaltsort der Tiere feststellen ließ. Die Wissenschaftler erfuhren etwa auf diese Weise, wie lange sich die Robben an Land und im Wasser aufhielten und wann sie Ortswechsel vornahmen.

Studien in Gefangenschaft

Die Untersuchung von Walrossen in ihrer natürlichen Umgebung ist mit großen Schwierigkeiten verbunden. Nicht nur das unwirtliche Klima im hohen Norden, sondern auch die Wehrhaftigkeit der Tiere stellen eine Gefahr für Robbenforscher dar. Unter Wasser lassen sich überhaupt keine Beobachtungen durchführen, da die von Walrossen besiedelten Gewässer zu trübe sind. Deshalb konnte z. B. die Ernährungsweise der Tiere bisher nur in Gefangenschaft untersucht werden.

Walrosse lassen sich gut in Zoos und Forschungsinstituten halten, sofern sie ausreichend mit Muscheln oder kleinen Fischen versorgt werden. Gelegentlich bekommen die Zoos junge Tiere, deren Mütter von Elfenbeinjägern getötet wurden, und die Pfleger päppeln die Waisen mit der Flasche auf. Solche Zöglinge werden sehr anhänglich und verlieren die Scheu vor Menschen. Eines dieser Walroßbabys, das vom Packeis Alaskas in den Freizeitpark Marineland in Los Angeles gebracht wurde, erhielt den Namen „Blue".

An Tieren wie Blue, die schon sehr früh an die Gesellschaft von Menschen gewöhnt wurden, können Biologen viele Verhaltensweisen genau beobachten. Dazu gehört etwa die Verständigung mit Sozialpartnern. Wenn ein Mensch einem jungen Walroß seine Hand entgegenstreckt, ortet das Tier diese mit seinen seitlichen Barthaaren und betastet sie anschließend mit den hochempfindlichen inneren Barthaaren. Hat das Kleine den Besucher akzeptiert, darf dieser die Schnauze des Tieres berühren; dabei streicht es ihm ständig mit den Tasthaaren über die Hand. Wenn das junge Schwergewicht jedoch nicht gekrault werden will, wehrt es sich auf seine Weise: es befördert den aufdringlichen Genossen mit einem kräftigen Nasenstüber mehrere Meter von sich weg.

In Zoos gehören Walrosse zu den Publikumslieblingen. Die gemütlichen Dickhäuter ertragen das Leben in Gefangenschaft recht gut, doch häufig fallen sie der übertriebenen Fürsorge der Zoobesucher zum Opfer. Leider schlingen die Tiere alles, was ihnen ins Becken geworfen wird, hinunter, auch ungenießbare Objekte, die schließlich in ihrem großen Magen landen. Auf diese Weise fanden bereits einige Walrosse in Zoos den Tod; im Unterschied zu vielen anderen Tierarten sterben sie hier gewöhnlich früher als in freier Wildbahn.

Lebensnotwendige Beutetiere

Die Inuit, die sich von allen Völkern am stärksten an das Leben in extremer Kälte angepaßt haben, konnten früher nur durch die Jagd überleben. Im unwirtlichen Winter der Arktis ernährten sie sich ausschließlich von frisch getöteten Tieren. Neben Ringel- und Bartrobben gehörten Walrosse zu ihrer wichtig-

sten Nahrung. Obwohl die meisten Inuit heute in Siedlungen leben, die das ganze Jahr über regelmäßig versorgt werden, spielen Walrosse immer noch eine große Rolle in der Ernährung dieser Menschen, und sie betreiben die traditionelle Jagd auf diese Robben weiterhin.

Allerdings sehen die Inuit die Walrosse nicht allein als Nahrung, sondern sie verehren und fürchten diese mächtigen Tiere mit den langen Zähnen auch; ein wütender Walroßbulle kann das Boot eines Jägers ohne Schwierigkeiten zum Kentern bringen.

Respektvoll schrieben die Inuit den Kolossen zahlreiche positive Eigenschaften zu, etwa Hilfsbereitschaft, Geselligkeit, Mut und Zärtlichkeit. Da sie in der Entwicklung und im zwanglosen Umgang der Walrosse Parallelen zum Menschen sahen, betrachteten sie diese Tiere als Verwandte.

Vor allem im Sommer gingen die Inuit am Rand des Packeises auf Walroßjagd. Sie erbeuteten die Tiere mit einer Harpune vom Rand des Eises oder vom Kajak aus. Wenn sie auf dem Wasser jagten, versuchten sie, die Spitze des Kajaks zwischen die Stoßzähne des getroffenen Opfers zu schieben, damit dieses mit den Zähnen nicht die Bespannung des Bootes zerreißen konnte.

Nach erfolgreicher Jagd aßen die Männer einen Teil des Tieres an Ort und Stelle – roh oder über einem Feuer aus Knochen und Öl gekocht –, und den Rest lagerten sie ein. Die Inuit verwerteten fast alle Teile der großen Robben. Das Fleisch verzehrten sie, und das reichliche Fett nutzten sie zur Beleuchtung und Beheizung ihrer Behausung. Auch die Haut wurde verarbeitet. Aus ihr stellten die Bewohner der Nordpolarregion Werkzeuge und Kleidung her. Die Eingeweide verarbeiteten sie zu Regenkleidung. Selbst die Barthaare benutzten sie: als Zahnstocher.

Sehr wertvoll waren auch die Stoßzähne, aus denen sich beispielsweise Schlittenkufen fertigen ließen. Bootskiele wurden ebenfalls mit dem glatten Material verkleidet, so daß die Jäger die Boote auf dem Schnee leicht schieben konnten. Neben diesen praktischen Dingen schnitzten die Inuit aus Walroßzähnen auch allerlei dekoratives Kunsthandwerk.

Opfer ihrer Zähne

Während die Inuit alle Teile der großen Robben verwerteten, interessierten sich die europäischen Jäger nur für bestimmte Teile. Vor der Entwicklung des Kerosins spielte das Fett der Tiere, ebenso wie das anderer Robben und der Wale, eine wichtige Rolle als Brennmaterial, vor allem für Lampen. Eine gewisse Bedeutung hatte auch die Haut. Aus ihr ließen sich beispielsweise Polierscheiben für Silber und andere Materialien herstellen, Spitzen für Billardqueues, Seile, Schuhleder und Riemen. Sogar beim Bau des Kölner Domes kamen Riemen aus Walroßhaut zum Einsatz – lange bevor diese Tiere in Mitteleuropa bekannt wurden.

Den höchsten Wert von allen Körperteilen der Tiere hatten jedoch von jeher die langen Eckzähne, die entsprechend zu den mächtigen Zähnen der Elefanten auch Stoßzähne genannt werden. Sie sind nicht mit Schmelz überzogen, sondern bestehen aus Zahnbein mit einer unverwechselbaren Feinstruktur, das von einer Zahnzementschicht umgeben ist.

Wann die Jagd der Europäer nach dem Elfenbein der Walrosse begann, ist nicht bekannt; sie war jedenfalls bereits im 9. Jh. üblich. Die Tiere wurden größtenteils im Weißen Meer gejagt. Im Jahr 1604 entdeckte jedoch ein englisches Handelsschiff die riesigen Walroßbestände der Bäreninsel. Da die Tiere dösend am Strand lagen, waren sie eine leichte Beute, und die Schiffsbesatzung erschoß kurzerhand mehr als 100 Exemplare. In den folgenden Jahren suchten die Händler diese Insel regelmäßig auf und töteten bei jeder Reise bis zu 1000 Walrosse. 1608 brachten die Männer von einer dieser Fahrten auch ein lebendes Jungtier nach England, wo es vom König und anderen wichtigen Persönlichkeiten bewundert wurde und großes Aufsehen erregte. Allerdings starb das arme Tier bereits kurz nach dieser „Audienz".

Bald suchten Walroßjäger nach weiteren Vorkommen und wurden auf Spitzbergen fündig. In manchen Buchten drängten sich mehrere tausend Tiere. Obwohl die Walroßbestände dieser Inselgruppe unermeßlich schienen, schlachteten die Jäger solche Mengen der Robben ab, daß ihre Zahl bereits Mitte des 17. Jh. deutlich abgenommen hatte.

Inzwischen erweiterten auch die russischen Walroßjäger ihre Fanggebiete. Vom Weißen Meer und der Inselgruppe Nowaja Semlja, wo sie die Robben schon lange gejagt hat-

Nur noch selten begeben sich die Inuit in ihren traditionellen Booten, den Kajaks und Umiaks, auf die Jagd. Die Technik ist allerdings in vielen Gebieten dieselbe geblieben: In einem günstigen Augenblick schleudert der Jäger eine Harpune in den Leib der großen Robbe. Obwohl Walrosse seit 1972 unter Schutz stehen, dürfen die Inuit sie weiterhin erbeuten. Früher war die Jagd auf diese Tiere für die Bewohner der Arktis lebensnotwendig; heute töten die Inuit die Walrosse, die ihnen nach den offiziellen Quoten zustehen, vor allem wegen des begehrten Elfenbeines ihrer Stoßzähne.

ten, reisten sie nach Osten. Im Jahr 1648 schließlich erreichten sie die Nordostspitze Asiens, wo sie auf die riesigen Bestände der Pazifischen Walrosse trafen.

In der Folgezeit wurden diese Tiere ständig bejagt, doch noch waren sie nicht von der Ausrottung bedroht. Erst als die USA im Jahr 1867 Alaska von Rußland erwarben, begann eine rücksichtslose Ausbeutung der dortigen Walroßpopulation. Walfänger organisierten großangelegte Jagdzüge. Zwischen 1869 und 1879 töteten sie jährlich etwa 12000 Tiere, und ungezählte andere starben, nachdem sie sich schwer verwundet mit letzter Kraft ins Meer geschleppt hatten. Die modernen Schußwaffen erlaubten es den Jägern, in kürzester Zeit ganze Walroßherden zu erlegen.

Diese massive Bejagung hatte nicht nur für die Walrosse, sondern auch für die Inuit katastrophale Folgen. Da diese Menschen von den Walrossen abhängig waren, verhungerte in den Jahren 1878–1879 ungefähr ein Drittel der Inuitbevölkerung im Gebiet der Beringstraße.

Unter Schutz gestellt

Bei einer Bestandsschätzung im Jahr 1880 stellten die Behörden fest, daß die Walroßpopulation Alaskas auf die Hälfte geschrumpft war, und die Ausrottung der Tiere schien nur eine Frage der Zeit. Um dies zu verhindern, stellte die Regierung die Walrosse unter Schutz.

Von 1890 bis 1900 konnten sich die Bestände erholen. Allerdings war die Jagdpause nur von kurzer Dauer: bereits 1930 brachte die intensive Verfolgung durch Jäger der UdSSR mehr als 8000 Tieren den Tod. Gegen Ende der 50er Jahre wurde die Lage der Inuit kritisch, da ihre Lebensgrundlage zu verschwinden begann. Schließlich vereinbarten die betroffenen Staaten, die USA und die UdSSR, im Jahr 1960 strenge Quoten und den vollständigen Schutz der Fortpflanzungsgebiete. Dank dieser Maßnahmen stiegen die Bestände der Pazifischen Walrosse innerhalb eines Jahrzehnts wieder stark an.

Nicht so gut überstand die atlantische Unterart die starke Bejagung; sie hat sich bis heute nicht von den Folgen erholt. Diese Tiere stehen ganz unter Schutz. Nur die Inuit dürfen eine begrenzte Zahl von Walrossen zum Eigenbedarf töten: pro Jahr und Familie sieben Tiere.

Insgesamt sterben heute legal 10000–15000 Walrosse alljährlich durch menschliche Jäger. Um Wilderei zu verhindern, verbot der US-Bundesstaat Alaska sogar den Handel mit Walroß-Elfenbein. Allein Inuit dürfen Kunstgegenstände aus den begehrten Stoßzähnen verkaufen. Als im Jahr 1972 das Abkommen zum Schutz der Meeressäugetiere in Kraft trat, brach der internationale Markt für Walroß-Elfenbein weitgehend zusammen.

Seit der Handel mit Elefanten-Elfenbein fast zum Erliegen gekommen ist, nimmt die illegale Jagd auf Walrosse wieder zu. Da das Walroß-Elfenbein eine geringere Qualität hat, war es lange Zeit nicht so begehrt wie das der Elefanten; heute erzielen jedoch auch die Zähne der Robben auf dem Schwarzmarkt hohe Preise.

Überleben in einer veränderten Umwelt

Obwohl die Walrosse heute weitgehend unter Schutz stehen, sind sie weiterhin bedroht – etwa durch die Verschmutzung der Meere mit giftigen Abwässern und Müll. Die größte Gefahr ist jedoch der Seemuschelfang, der heute in vielen Gebieten in großem Maßstab betrieben wird. Seit das exotische Muschelfleisch in den reichen Ländern immer mehr Feinschmecker begeistert, ist der Mensch für die Walrosse zum direkten Nahrungskonkurrenten geworden.

Da die Seemuschelvorkommen im Atlantik schon stark ausgebeutet sind und nicht mehr den gewünschten Ertrag bringen, werden sich die Fischer wahrscheinlich noch stärker auf die Weichtiere im Beringmeer konzentrieren. Dort leben allerdings auch die meisten Walrosse. Wenn sie in den abgefischten Gewässern nicht mehr genügend Muscheln finden, um ihren Nahrungsbedarf zu decken, werden sie neue Aufenthaltsgebiete suchen oder, falls das nicht möglich ist, verhungern müssen. Bereits in den 70er Jahren dezimierte die rücksichtslose Ausbeutung der Muschelvorkommen einige kleinere Walroßbestände.

Auch die Einleitung giftiger Substanzen, vor allem von Schwermetallen und Pestiziden, in die Meere stellt eine ernste Bedrohung für die Walrosse dar. Die Schwermetalle sinken zu Boden, wo sie von den Muscheln aufgenommen werden; im Körper der Muschelfresser reichern sie sich an und können bei starker Konzentration Gesundheitsschäden verursachen.

Die Inuit können alle Teile des Walrosses verwerten. Was sie nicht essen, verarbeiten sie zu Kleidung, Werkzeugen und anderen Gegenständen. Diese Plastik stellt einen Walroßjäger mit seiner Harpune dar; sie symbolisiert eine uralte Tradition, die für viele Inuit noch heute lebendig ist. Die großen Robben haben ihre Bedeutung für die Bewohner der Arktis nicht verloren. Mit Kunstgegenständen, die sie aus den Eckzähnen schnitzen, verdienen manche Inuit sogar ihren Lebensunterhalt: Sie verkaufen die Figuren an Touristen, die den hohen Norden in immer größerer Zahl besuchen.

SINGSCHWÄNE

Wenn die schweren weißen Vögel hoheitsvoll über den abgeschiedenen See gleiten, an dem sie ihre Jungen liebevoll aufziehen, scheint die Zeit noch fern, zu der sie dem Frost entfliehen müssen. Gemeinsam wird die Familie aufbrechen, und während des Fluges lassen die Mitglieder dieses festgefügten Verbandes ihre melodiösen Stimmen erklingen.

Zusammen mit den Enten und den Gänsen bilden die Schwäne die Ordnung der Entenvögel. Nach Ansicht der Paläoornithologen reichen die Ursprünge dieser Vogelgruppe sehr weit in die Vergangenheit zurück. Etwa 130 Mio. Jahre, bis in die jüngere Kreidezeit, sind sie zurückzuverfolgen.

Die Entwicklung der meisten Entenvogelarten vollzog sich vom Beginn des jüngeren Miozäns, vor 23 Mio. Jahren, bis zum Ende des Pliozäns, vor über 2 Mio. Jahren. Seitdem hat ihre Zahl ständig abgenommen; heute leben in der Alten und der Neuen Welt nur noch rund 150 Arten dieser Ordnung.

Allen Entenvögeln ist gemein, daß sie mit gestrecktem Hals fliegen und des Segelfluges nicht mächtig sind; sie leben vorwiegend am Wasser, auf dem auch die Paarung stattfindet, und ihre Jungen sind im allgemeinen hochentwickelte Nestflüchter.

Unter den Fossilien von Schwänen sind etwa ein Dutzend ausgestorbene und vier heute noch lebende Arten vertreten. Die bisher ältesten Funde stammen aus dem Oligozän, vor 35–23 Mio. Jahren, und wurden in Aserbaidschan und in Belgien entdeckt; von der Art *Cygnavus formosus* aus dem jüngeren Oligozän fanden Wissenschaftler einen versteinerten Knochen in Westkasachstan.

Fossile Reste des Singschwanes *(Cygnus cygnus)* wurden nur in Fundstätten entdeckt, die jünger als 2 Mio. Jahre sind. Auch an Rastplätzen altsteinzeitlicher Menschen fanden sich unter den Resten erbeuteter Tiere Knochen von Singschwänen – ein Beweis dafür, daß diese Vögel damals schon gejagt und gegessen wurden.

Eine Auflistung aller Fundorte zeigt die Veränderungen des Verbreitungsgebietes der Singschwäne während der verschiedenen Eiszeiten, als sich die Eismassen unterschiedlich weit über die Nordhalbkugel der Erde ausdehnten. So erstreckte sich die Heimat der Tiere in Europa einerseits von Finnland über Dänemark, Frankreich und den Süden von Großbritannien bis nach Irland und andererseits über Deutschland und die Schweiz bis nach Italien und Malta.

Die Singschwäne, von denen heute noch Zehntausende in Asien, Skandinavien und Island brüten, weisen viele Gemeinsamkeiten sowohl mit ausgestorbenen als auch mit den übrigen heutigen Arten der Schwäne auf.

Singschwäne suchen wie die Zwergschwäne während des Winters die Gesellschaft ihrer Artgenossen, doch nicht immer gestaltet sich das Zusammenleben friedvoll. Rivalitäten um günstige Nahrungsplätze oder ganz einfach das Bedürfnis nach einem Minimum an individuellem Raum führt häufig zu Streitereien. Oft genügt schon ein einziger Schnabelhieb, um die Ordnung wiederherzustellen und Ruhe einkehren zu lassen.

Der Winter – die Zeit der großen Versammlungen

Im Spätherbst, wenn die Seen in der Tundra zufrieren, ziehen die Singschwäne aus dem kalten Norden in südlichere Gefilde, um dort ihre Nahrung zu suchen. Manchmal finden sie sich zu Tausenden an abgelegenen Orten ein, beispielsweise an den Küsten der Ost- und Nordsee, am Kaspischen Meer und an den großen Binnengewässern, die auch im Winter eisfrei bleiben.

Die großen Gemeinschaften bestehen aus vielen kleinen Einheiten, die an den Überwinterungsplätzen immer fest zusammenhalten. Der Kern dieser Einheiten ist gewöhnlich ein Elternpaar mit den Jungen des vergangenen Sommers. Diese Familie bildet eine Gruppe von durchschnittlich sechs Tieren, zu denen sich bisweilen mehrere Jungschwäne aus vorangegangenen Bruten gesellen. Je größer der Clan, um so selbstbewußter treten die Mitglieder nach außen auf.

Manchmal begleiten weitere geschlechtsreife Jungschwäne diese engeren Familienverbände. Dabei handelt es sich um Tiere, die sich im Lauf des Sommers mit einem fortpflanzungsfähigen Mitglied der betreffenden Familie zusammengetan, doch noch nicht gebrütet haben. Solche „verlobten" Schwäne haben diesen Status mindestens 1 Jahr inne, bevor sie das erste Mal zur Brut schreiten.

Mit den Kräften haushalten

Größere Gruppen bieten ihren Mitgliedern zahlreiche Vorteile. Der wichtigste dürfte das Mehr an Sicherheit sein, das die Tiere im Verband finden: immer bleibt mindestens ein Vogel wachsam und kann seine Artgenossen bei Gefahr warnen. Um einen Feind gemeinsam in die Flucht zu schlagen, können sich die Schwäne zusammentun.

Diese Sicherheit trägt dazu bei, daß die Schwäne mit der spärlichen Nahrung, die ihnen im Winter zur Verfügung steht, optimal haushalten können. Aus dem gleichen Grund ziehen sie es bei schlechter Witterung vor, unbeweglich an ihrem Platz zu verharren. So können sie die Kälte gut ertragen; wenn allerdings eine dicke Schneeschicht den Boden bedeckt und die Binnengewässer zufrieren, finden die großen Vögel nicht mehr genügend Nahrung.

Ein starker Kerl

Singschwäne halten sich regelmäßig längere Zeit an Land auf. Wenn sich ihnen ein Gegner nähert, nehmen sie eine drohende Haltung ein. Sie breiten die Flügel aus, plustern die Nackenfedern auf und senken den Kopf. Bei übermächtigen Feinden suchen sie schließlich ihr Heil in der Flucht, doch bei Artgenossen gehen sie nicht selten zum Angriff über. Dieses Drohen, bei dem sie sich größer machen, als sie sind, zeigen sie auch auf dem Wasser.

(nach Scott, 1972)

Ohne ihr Gefieder, das die Körpertemperatur konstant auf 42 °C hält, könnten die Singschwäne in den nordischen Winterquartieren nicht überleben. Damit das Wasser das isolierende Luftpolster nicht verdrängt, müssen die Vögel die Federn sorgfältig mit dem Sekret ihrer Bürzeldrüse einfetten. Sie verwenden viel Zeit auf die Pflege ihres weißen Gefieders und reinigen dieses gleichzeitig von Verschmutzungen und Parasiten.

Nach Stunden klirrender Kälte bricht die Sonne durch die Wolken. Dicht an den Boden geschmiegt, haben die Singschwäne den eisigen Schneesturm, der über die japanische Insel Hokkaido hinweggefegt ist, überstanden. Bewegungslos hatten die Vögel dem schneidenden Wind getrotzt, nun strecken sie sich, um auf Nahrungssuche zu gehen. Wenn das Gewässer, an dem das Unwetter sie überrascht hat, zugefroren bleibt, ziehen sie weiter nach Süden.

Mit anmutigen Flügelschlägen, hochgerecktem Hals und ausdrucksvollen Gesängen bekunden sich die Singschwäne schon in den Überwinterungsgebieten lautstark ihre Zuneigung. Diese Vorspiele gipfeln manchmal sogar in Scheinpaarungen, doch die Begattung findet erst im Frühjahr in ihrem Nistrevier statt.

Eine lange Verlobungszeit

Gegen Ende des Winters kommt immer mehr Bewegung in die Singschwantrupps: Nun beginnt die Balz. Daran nehmen jedoch nur jene Vögel teil, die noch keinen Geschlechtspartner gefunden haben.

Männchen und Weibchen begegnen sich auf dem Wasser, und das männliche Tier nähert sich seiner Auserwählten mit schlängelnden Kopf- und Halsbewegungen, die es mit Stimmfühlungslauten untermalt. Wenn das Weibchen diesen Bewerber akzeptiert, zeigt es seine Zustimmung, indem es dieselben Bewegungen vollführt. Gelegentlich kommt es an den Überwinterungsplätzen auch schon zu Scheinpaarungen, aber noch nicht zu echten Begattungen. Die Balz älterer Vögel vollzieht sich dagegen weniger auffällig, da Singschwäne monogam sind und die Vögel einander ein Leben lang treu bleiben.

Die Geschlechtsreife tritt im Alter von 3 Jahren ein, doch die Paare bilden sich schon früher, und eine „Verlobungszeit" von mindestens 1 Jahr ist die Regel. Wenn die Partner in den Brutgebieten kein geeignetes Revier finden, kann diese Frist sogar noch länger währen; manchmal sind die Schwäne bereits 4, 5 oder gar 6 Jahre alt, bevor sie das erste Mal zur Brut schreiten.

Vertreibung der Rivalen

Die Gebärdensprache der Schwäne ist sehr vielfältig und drückt aus, ob die Vögel aggressiv sind, ob sie um einen Partner werben oder aber eine Niederlage eingestehen.

Durch das ritualisierte Drohverhalten sollen Kämpfe vermieden werden, die für beide Teile böse ausgehen könnten und letztendlich zu einer bedrohlichen Dezimierung der Art führen würden. Die Rivalität der Männchen um die Weibchen stellt sich ähnlich dar wie das Aggressionsverhalten, das die Vögel bei anderen Gelegenheiten an den Tag legen (siehe Kasten S. 150).

Wenn ein Männchen versucht, bei einem „verheirateten" Schwanenpaar das Männchen zu verdrängen, dann vertreibt letzteres den Eindringling und vollführt, zusammen mit dem Weibchen, die Triumphzeremonie (siehe Kasten).

Auf nach Norden!

Der Vogelkundler J. Kear hat beobachtet, daß sich die Winterverbände der Schwäne beim Wegzug aufspalten und nur die ausgewachsenen, geschlechtsreifen Paare in nördlichere Gefilde fliegen, um zu den Brutplätzen zu gelangen. Unverpaarte Singschwäne oder Paare ohne Revier versammeln sich gelegentlich auch im Sommer in größeren Scharen.

Die Triumphzeremonie

Laut jubilierend vollführt das Singschwanpärchen nach der erfolgreichen Vertreibung eines Rivalen die Triumphzeremonie, bei der sich die Vögel hoch aufrichten und lebhaft mit den geöffneten Schwingen schlagen.

(nach Scott, 1972)

Auseinandersetzungen zwischen zwei Schwanenmännchen um die Gunst eines Weibchens sind selten. Wenn jedoch die rituellen Drohgebärden wie das Flügelschlagen den Konkurrenten nicht einschüchtern, gehen die Gegner schnell zu einem Schnabelduell über, bei dem sie nicht gerade zimperlich miteinander umgehen.

Das Brutrevier: ein ständiger Zankapfel

Ein Singschwanpärchen benötigt ein großes Brutrevier, um seine Jungen erfolgreich aufziehen zu können. Das Gebiet muß etwa 100 ha umfassen, an einem seichten See fernab von menschlichen Siedlungen liegen und ausreichend Nahrung bieten. Geeignete Plätze sind knapp, so daß sich immer wieder Streitigkeiten zwischen Paaren, die bereits ein Revier ihr eigen nennen, und solchen, die gerne ihren Platz einnehmen würden, entwickeln.

So manche Konfrontation wird aber vermutlich von vornherein vermieden, da ein Schwanenpaar, das ein Areal besetzt hält, seine Anwesenheit durch das leuchtende Weiß seines Gefieders signalisiert. Daran können brutwillige Artgenossen bereits beim Überfliegen erkennen, daß mit Widerstand zu rechnen ist. Darüber hinaus äußert das Männchen in regelmäßigen Abständen laute Rufe.

Ein Eindringling, der sich mit der festen Absicht niederläßt, dem angestammten Vogelpaar das Revier streitig zu machen, wird unverzüglich bedroht. Im Extremfall bekämpfen die Besitzer des Territoriums den fremden Vogel, und die Auseinandersetzung kann sogar in der Luft ausgetragen werden.

Paarung auf dem Wasser

Wenn sich das Schwanenpaar im Frühjahr in seinem Gebiet eingerichtet hat, findet in den Monaten April und Mai die Paarung statt. Sie beginnt mit Handlungen, die im Vergleich zum Balzverhalten eher unauffällig sind. Beide Vögel bekunden ihre Bereitschaft zur Paarung, indem sie gleichzeitig den Kopf ins Wasser tauchen. Dann besteigt das Männchen den Rücken seiner Partnerin, wobei es sich oft mit dem Schnabel an ihrem Halsgefieder festhält. Schließlich breitet der männliche Vogel seine Schwingen aus und äußert zusammen mit dem Weibchen einige Rufe. Nach der Begattung widmen sich beide Partner intensiv der Gefiederpflege.

Arbeitsteilung beim Nestbau

In der seichten Uferzone des Brutgewässers, häufig auch auf trockenem Boden dicht am Ufer, errichtet das Schwanenpaar sein Nest. Dieses besteht aus Schilf und Seggen sowie Wasserpflanzen, die die Vögel mit Teichschlamm verkleben. Das Männchen beschafft das Nistmaterial, während das Weibchen die gelieferten Teile aufschichtet und zusammenfügt. Wenn das Nest nach einigen Tagen fertiggestellt ist, beträgt sein Durchmesser an der Basis bis zu 2 m, und es hat eine Höhe von etwa 60 cm. Diesen massiven Bau nutzen die Schwäne häufig für mehrere Bruten in aufeinanderfolgenden Jahren, so daß sie ihn im Frühjahr nur noch ausbessern und verstärken müssen. Zum Abschluß der Bauarbeiten polstert das weibliche Tier die Nestmulde, die 10–15 cm tief ist, noch mit Dunen und feinen Pflanzenfasern aus.

Sobald das Werk vollendet ist, legt das Weibchen durchschnittlich vier bis sechs Eier. Auf dem Festland Eurasiens findet die Eiablage im allgemeinen ab Mai statt, in Island jedoch oft schon Ende April. Singschwäne ziehen nur eine Brut im Jahr auf.

Die Bebrütung, die 34–36 Tage in Anspruch nimmt, ist ausschließlich Aufgabe des Weibchens, das sofort nach der Ablage des letzten Eies mit dem Brutgeschäft beginnt. Wenn es das Nest gelegentlich zur Nahrungsaufnahme verläßt, hält das streitbare Männchen Wache, läßt sich aber nicht auf dem Gelege nieder. Kann keiner der Partner die Brut bewachen, bedecken die Altvögel die weißen Eier zur Tarnung mit Pflanzenteilen.

Ein Jahr lang grau

Die Schwanenküken tragen ein hellgraues Dunenkleid und behalten diese Farbe während des ganzen 1. Lebensjahres bei. Da sie Nestflüchter sind, können sie sofort nach dem Schlüpfen das Nest verlassen. Unter kundiger Anleitung der Eltern lernen sie, welche Pflanzen sie fressen können.

Bei Gefahr tauchen die Küken ab oder verbergen sich in der Ufervegetation. Wenn sie mit 3 Monaten flügge sind, ziehen sie mit ihren Eltern zu den Winterquartieren und bleiben bis zum nächsten Frühjahr in der familiären Gemeinschaft.

Da die Eltern eine intensive Brutpflege betreiben, hält sich die Sterblichkeitsrate der Jungen in Grenzen; eine in Finnland durchgeführte Studie ergab, daß sie in durchschnittlichen Jahren bei nur 10% liegt. Doch wenn in kalten Sommern die Gewässer zufrieren, bevor die jungen Schwäne flügge sind, kommen diese um.

Das Nest der Singschwäne, ein wirres Bauwerk aus Wasserpflanzen und Schlamm, ist massiv gebaut und liegt häufig in offenem Gelände (Foto rechts). Viele Wochen lang dient es der Schwanenfamilie nachts als Ruheplatz, an dem die Mutter ihre Küken wärmt. Erst wenn die Kleinen herangewachsen sind und es am Nistplatz eng wird, übernachten Eltern und Jungvögel gemeinsam auf niedergedrücktem Schilf oder auf Feuchtwiesen in nächster Nähe zum See.

Binnen 2 Tagen schlüpfen alle Schwanenküken eines Geleges. Wenn sich die Jungen aus den Eiern befreit haben und trocken sind, verläßt die kleine Schar unter Anleitung der Altvögel das Nest zu einem ersten Ausflug. Die Küken können auf die zärtliche Fürsorge der Eltern bauen, die ihren Nachwuchs stets im Auge behalten.

Ein kraftvoll fliegendes Schwergewicht

Singschwäne sind wie alle Schwäne kraftvolle Flieger, die auch lange Flugstrecken nicht scheuen. Sie gehören zu den schwersten flugfähigen Vögeln überhaupt; den Rekord hält mit 14 kg Körpergewicht ein Männchen, das in Dänemark gefangen wurde. Deshalb benötigen die Schwäne wie die Seetaucher einen gehörigen Anlauf über das Wasser, bevor sie sich in die Lüfte schwingen können. Doch sobald die Vögel an Höhe gewonnen haben, fliegen sie ruhig und sehr schnell dahin.

Aufgrund der geringen Tragfläche ihrer Flügel können sie allerdings nicht im energiesparenden Segelflug gleiten, sondern müssen unablässig mit ihren Schwingen schlagen. Nicht zuletzt deshalb besitzen Schwäne eine breite Brust mit mächtigen Flugmuskeln, die diese Leistung erst ermöglichen. Begleitet wird jeder Flügelschlag von einem Sausen, das entsteht, wenn die Luft durch die Schwungfedern strömt. Bei Höckerschwänen gerät dieses Geräusch gar zu einem vielstimmigen pfeifenden Rauschen, das mehrere hundert Meter weit zu hören ist.

Anders als die Höckerschwäne lassen die Singschwäne im Flug ihre Stimme erschallen. Diese oft mehrsilbigen Rufe dienen auf der Reise in die Überwinterungsgebiete als Stimmfühlungslaut, der den Zusammenhalt der Gruppe fördert.

Während die verwandten Gänse unterwegs geordnete Verbände bilden, ziehen die Singschwäne in weniger geregelten Scharen; bisweilen nehmen jedoch auch sie linien- oder winkelförmige Formationen ein, die den Energieaufwand für die gesamte Gruppe reduzieren.

Zug um Zug

Der Wegzug der Vögel erfolgt zwischen Mitte September und Anfang November. Die am weitesten nördlich brütenden Paare werden als erste vom Frost vertrieben und kehren als letzte zurück; Schwäne, die weiter im Süden genistet haben, können sich mehrere Wochen später auf den Weg machen.

In die Winterquartiere fliegen die Singschwäne stets im Großfamilienverband. Im Lauf der Zeit stoßen an den traditionellen Rastplätzen, wo die Tiere sich ausruhen und Nahrung aufnehmen, immer mehr Singschwantrupps dazu, so daß schließlich ein Verband von mehreren hundert Vögeln entsteht.

Ein neues Kleid

Nur einmal im Jahr, zwischen Juni und Ende August, mausern die Singschwäne. Die Art und Weise, wie der Gefiederwechsel abläuft, ist typisch für alle Entenvögel. Die Mauser beginnt stets mit dem Wechsel der Schwung- und Deckfedern, die alle innerhalb von nur 2 Tagen ausfallen. Dann folgen die Steuerfedern und die Ober- und Unterschwanzdecken und schließlich das übrige Gefieder. Bis die Schwungfedern, die täglich um rund 9 mm wachsen, ersetzt sind, vergehen etwa 6 Wochen, in denen die Schwäne nicht fliegen können. In dieser Zeit gehen die Vögel kaum an Land, sondern halten sich vorzugsweise auf dem offenen Wasser auf. Nicht brütende Paare und noch nicht geschlechtsreife Tiere finden sich in dieser kritischen Phase in größeren Scharen zusammen.

Brütende Paare wechseln ihr Federkleid während der Aufzucht der Jungen. Damit stets ein Altvogel die Kleinen führen kann, mausern die Schwaneneltern nacheinander. Zuerst beginnt das Weibchen, und 6 Wochen später folgt das Männchen. Nach 3 Monaten, wenn auch die Jungen flügge werden, sind wieder beide Elternteile flugfähig.

▶ *Singschwäne ruhen auf dem Wasser und schwimmen dazu häufig weit auf den See hinaus. Zum Schlafen bergen sie ihren Schnabel im Schultergefieder, stets darauf bedacht, daß die Nasenlöcher frei bleiben.*

Beim Landen geben die Schwäne ihre gestreckte Haltung auf, stellen die Schwingen schräg zur Flugrichtung und stemmen ihre Füße gleich Landeklappen gegen den Wind. So gleiten sie noch einige Meter über das Wasser und legen vor dem Aufsetzen die Flügel an. Gehen sie auf Eisflächen nieder, lassen sie ihre Flügel bis zuletzt geöffnet.

Wenn sich der Nebel verzogen hat, werden die Vögel ihre Reise fortsetzen (rechts).

Singschwan

Cygnus cygnus

	SINGSCHWAN
Art:	*Cygnus cygnus*
Familie:	Entenvögel
Ordnung:	Entenvögel
Klasse:	Vögel
Merkmale:	Reinweißes Gefieder, Schnabel gelb mit schwarzer Spitze; Füße schwarz, mit Schwimmhäuten
Maße:	Gesamtlänge 140–165 cm, Flügelspannweite 218–243 cm
Gewicht:	7–12 kg, Männchen schwerer
Verbreitung:	Nördliches Eurasien, Zentralasien, Island
Lebensraum:	Seen, Flüsse, Sumpfgebiete, Teiche in der Tundra und in der Taiga; im Winter auf Wiesen und Feldern
Nahrung:	Wasserpflanzen, Gräser, Kräuter, im Winter auch Getreidekörner von Feldern
Sozialstruktur:	Brutpaare monogam und streng territorial, im Winter gesellig
Geschlechtsreife:	Mit 3 Jahren
Fortpflanzung:	Im Frühjahr
Bebrütung:	34–36 Tage
Anzahl der Eier pro Gelege:	4–6
Lebensdauer:	Höchstes bekanntes Alter 7,5 Jahre; Lebensdauer liegt aber mit Sicherheit höher
Bestand:	Einige zehntausend; abnehmende Tendenz
Bedrohung und Schutz:	Ganzjährig geschützt

Alle Schwäne sind, unabhängig von der Art und der Farbe ihres Federkleides, sowohl an Land als auch im Wasser leicht als solche zu erkennen. Allein die Silhouette reicht zur Identifizierung aus. Die großen Vögel haben einen langen Hals und einen schweren Körper, der auf kurzen, kräftigen Läufen mit breiten Schwimmfüßen ruht.

Der Singschwan erhielt seinen Namen, weil er im Gegensatz zum schweigsamen Höckerschwan über eine klangvolle Stimme verfügt, die er sogar im Flug ertönen läßt.

Gleich den Fingerabdrücken eines Menschen unterscheidet seine Schnabelzeichnung ihn von jedem seiner Artgenossen. In Großbritannien hat Peter Scott, ein international anerkannter Entenvogelexperte, sogar eine Art „Personalausweis“ für Sing-, vor allem aber für Zwergschwäne entwickelt, dessen Grundlage die individuell unterschiedliche Schnabelzeichnung ist. Diese Methode funktioniert allerdings nur bei ausgewachsenen Tieren, da Jungschwäne erst im Alter von etwa 1,5 Jahren die entspre-

chenden charakteristischen Merkmale entwickeln.

Das Federkleid des Singschwanes ist blendend weiß, wenn im Dezember die gesamte Mauser abgeschlossen ist; im Lauf des Jahres verschmutzt es jedoch leicht, insbesondere in der Zeit des Nestbaues. Bei der Berührung mit dem schlammigen Pflanzenmaterial, mit dem das Nest ausgelegt ist, verfärbt sich vor allem das Bauchgefieder des brütenden Weibchens stellenweise braun oder ockerfarben. Auch bei der Nahrungssuche bleiben am Halsgefieder Schmutzpartikel haften und tönen es gelblich.

Sein Sehvermögen ist so gut entwickelt, daß der Singschwan auch in der Dunkelheit auf Nahrungssuche gehen kann.

Nicht nur bei der Nahrungssuche unter Wasser, sondern auch bei der Gefiederpflege bewährt sich der lange Hals des Schwanes. Die Länge und die Biegsamkeit dieses Körperteiles ermöglichen es dem Vogel, die meisten Körperpartien problemlos zu erreichen. So kann er sich kratzen, Parasiten entfernen oder sein Gefieder ordnen. Der Singschwan setzt darüber hinaus auch seine Füße zum Putzen ein, was bei anderen Schwänen bisher noch nicht beobachtet wurde.

Trotz seines hohen Gewichtes kann der Schwan dank seiner stark entwickelten Brustmuskulatur gut fliegen. Das Brustbein, an dem diese Muskulatur ansetzt, ist entsprechend groß.

Füße

Schwarz, kurz und kräftig, mit Schwimmhäuten versehen.

Besondere Merkmale

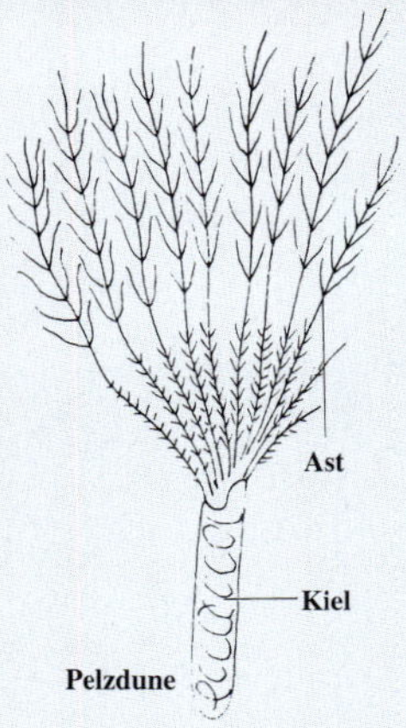

Gefieder

Der Singschwan besitzt rund 25000 Federn, von denen 80% allein den langen Hals bedecken. Zahlreiche locker angeordnete Pelzdunen unterlagern die Deckfedern. Dieser Gefiederaufbau gewährleistet dem Schwimmvogel einen hohen Schutz vor Kälte und Nässe. Die blendendweiße Farbe entsteht durch die Reflexion des Lichtes an den vielen unterschiedlich ausgerichteten Flächen der Federn. Nach der Mauser im Sommer erstrahlt sie am reinsten, nimmt jedoch im Lauf des Jahres an Kopf und Hals eine gelbe Schattierung an.

Schnabel

Die Ränder des Unterschnabels tragen zwei Reihen feiner, parallel angeordneter Hornlamellen, die einen hervorragenden Seihapparat bilden. Beim Gründeln durchstöbert der Schwan den Gewässergrund, während er seinen Schnabel fortwährend öffnet und schließt und gleichzeitig mit der Zunge das Wasser durch die Lamellen nach außen preßt. Dabei bleiben kleine Pflanzenteile und Kleinlebewesen in den Lamellen hängen. Dieser Vorgang, das sogenannte „Schnattern", wird von charakteristischen Geräuschen begleitet.

Hals

Singschwan und Trompeterschwan besitzen von allen Schwänen die längsten Hälse. Beim Singschwanmännchen ist er bis 80 cm lang und besteht aus 25 Halswirbeln – das sind zwei- bis dreimal so viele wie bei Vögeln mit „normalem" Hals. Der Schwan kann damit Wasserpflanzen bis in 1,35 m Tiefe erreichen, ohne abtauchen zu müssen. Ein weiterer Vorteil des langen Halses ist, daß der Vogel seinen Kopf relativ hoch erheben kann und deshalb einen guten Überblick über die Umgebung hat. In offenem Gelände erkennt das Tier seine Feinde dadurch schon von weitem und kann rechtzeitig fliehen.

Füße

Sie weisen drei kräftige, nach vorne gerichtete Zehen auf, die mit breiten Schwimmhäuten verbunden sind. Sowohl beim Schwimmen als auch beim Laufen auf morastigem Untergrund sowie als „Landeklappen" beim Anflug leisten sie dem Singschwan gute Dienste.

Andere Schwäne

Die Schwäne gehören zusammen mit den Gänsen und den Enten zur Familie der Entenvögel. Daß alle Vertreter dieser Vogelfamilie nah verwandt sind, ist zum einen an ihrer besonderen Schnabelform und zum anderen an ihren Schwimmhäuten zu erkennen. Die Familie der Entenvögel bildet gemeinsam mit der Familie der südamerikanischen Wehrvögel, deren Schnabel dem der Fasanen ähnelt, die Ordnung der Entenvögel.

Ornithologen unterscheiden in der Regel sechs Schwanarten, doch diese Zahl ist umstritten, da einige Experten in bestimmten Fällen von Unterarten ausgehen, während andere wiederum der Ansicht sind, es handle sich um eigenständige Arten. Der Zwergschwan beispielsweise kann vom Aussehen her als eine kleinere Unterart des Pfeifschwanes angesehen werden.

Der amerikanische Vogelkundler B. C. Livezey veröffentlichte vor einigen Jahren eine Studie, nach der die nordischen Schwäne, wie der Singschwan, der Pfeifschwan, der Trompeterschwan und der Zwergschwan, enger als die übrigen Arten miteinander verwandt sind und daher in einer eigenen Gattung, *Olor*, zusammengefaßt werden sollten.

Trompeterschwan *(Cygnus buccinator)*

Diese Theorie wurde bereits von einigen Wissenschaftlern übernommen, doch Änderungen in der Systematik bedürfen noch weiterer Untersuchungen und der stichhaltigen Definition der Gemeinsamkeiten. Gerade in der Zuordnung der einzelnen Arten ist damit zu rechnen, daß die immer häufiger angestellten genetischen Vergleiche in Zukunft die größten Umwälzungen mit sich bringen werden, die die Einteilung des Pflanzen- und des Tierreiches seit ihrer Begründung durch Carl von Linné erfahren hat.

Uneinigkeit herrscht ebenfalls über die systematische Stellung einer besonders eigentümlichen Art, des Koskorobaschwanes *(Coscoroba coscoroba)*. Manche Wissenschaftler bezeichnen sie als kleinste Schwanenart, andere ordnen sie den Pfeifgänsen oder Baumenten der Gattung *Dendrocygna* zu. Sicher ist jedenfalls, daß der Koskorobaschwan ein Bindeglied zwischen den Gänsen und den Schwänen darstellt. Dieser in Südamerika lebende Vogel besitzt auffallend korallenrote Beine und einen ebenso leuchtend gefärbten Schnabel, der löffelartig verbreitert ist.

Wir stellen im folgenden die fünf weiteren Schwanarten vor, die zusammen mit dem Singschwan gemäß der bisher noch gebräuchlicheren Zuordnung der Gattung *Cygnus* angehören.

TROMPETERSCHWAN

Cygnus buccinator

Merkmale: Größter und schwerster Schwan der Welt. Gefieder rein weiß; Schnabel schwarz, nur am Rand altrosafarbene Linie; schwarze Füße. Im Jugendkleid Gefieder graubraun, Schnabel rosa mit schwarzer Spitze und Basis, Füße schwarz.

Seinen Namen verdankt er seinen langgezogenen, mehrere Kilometer weit vernehmbaren Rufen, die an Trompetenfanfaren erinnern.

Maße: Gesamtlänge 150–180 cm.

Gewicht: Weibchen durchschnittlich 10 kg, Männchen 12,5 kg.

Verbreitung: Brutgebiete in Alaska. Vögel ziehen entlang der Küste von Bri-

Höckerschwan *(Cygnus olor)*

tish-Columbia nach Süden; in der kanadischen Provinz Alberta, in den nordwestlichen US-Bundesstaaten Washington, Oregon, Nevada, Wyoming, Montana, South Dakota und Minnesota. Verstreute, zumeist seßhafte Populationen, die in diesem Jahrhundert wiederangesiedelt wurden.
Bedrohung und Schutz: Die seit dem Beginn des 20. Jh. seltenste und am stärksten bedrohte Schwanenart. Umfangreiche Schutzmaßnahmen.

PFEIFSCHWAN
Cygnus columbianus
Merkmale: Gefieder reinweiß; Oberschnabel schwarz mit rosafarbenem Rand, unter den Augen kleines gelbes Feld, das von der Schnabelbasis bis zu den Nasenlöchern reicht; schwarze Füße. Hält den Hals gerade. Im Jugendkleid Gefieder grau; Schnabel schwarz und rosa, Füße schwarz.
Maße: Gesamtlänge 120–150 cm.
Gewicht: Weibchen durchschnittlich 6,2 kg, Männchen 7 kg.
Verbreitung: Alaska und Nordkanada. Überwintert hauptsächlich an der Ost- und an der Westküste der USA.

Schwarzschwan *(Cygnus atratus)*

ZWERGSCHWAN
Cygnus columbianus bewickii
Früher eigenständige Art, wird heute als asiatische Unterart des Pfeifschwanes eingeordnet.
Merkmale: Etwas kleiner als der Pfeifschwan und größeres gelbes Feld auf dem Schnabel; Gefieder schneeweiß.
Maße: Gesamtlänge 115–140 cm.
Gewicht: Weibchen durchschnittlich 5,7 kg, Männchen 6,4 kg.
Verbreitung: Nördliches Eurasien; die Vögel überwintern im Westen Europas, insbesondere in den Niederlanden und in Großbritannien, sowie an den Küsten von Ostchina und Japan; sehr selten im Binnenland.

HÖCKERSCHWAN
Cygnus olor
Merkmale: Reinweißes Gefieder; Hals beim Schwimmen S-förmig gekrümmt, Schwingen oft halb aufgestellt in der sogenannten Segelstellung, die je nach Situation eine Imponier- oder eine Drohgebärde bedeutet. Oberschnabel orangerot bis orangerosa, Schnabelwurzel und Stirnhöcker schwarz; letzterer beim Männchen, vor allem in der Balzzeit, stärker ausgeprägt als beim Weibchen. Füße schwarz. Im Jugendkleid Gefieder hellgraubraun, Schnabel rosagrau, Füße grauschwarz. Fliegt mit deutlich hörbarem Flügelrauschen.
Maße: Gesamtlänge 125–155 cm, die Männchen größer als die Weibchen.
Gewicht: Weibchen durchschnittlich 9 kg, Männchen 11 kg, ausnahmsweise bis 20 kg.
Verbreitung: Stammt ursprünglich aus Zentralasien und wurde vom Menschen als halbzahmer Vogel vor allem in Parks an vielen Orten des gemäßigten Europas, in Nordamerika, Südafrika, Australien und Neuseeland angesiedelt. Die Heimat der wilden Höckerschwäne, die im Winter ans Schwarze und ans Kaspische Meer sowie an die türkische Küste und in das chinesische Tiefland ziehen, ist Zentralasien und Nordchina.

SCHWARZSCHWAN
Cygnus atratus
Merkmale: Gefieder samtschwarz, mit Ausnahme der weißen Hand- und Armschwingen, deren Farbe nur im Flug erkennbar ist; roter bis orangefarbener Schnabel, an der Schnabelspitze helles Querband; zur Fortpflanzungszeit Augen rot, dunkelgraue Füße. Küken hellgrau; Jungtiere gleichen den Altvögeln, doch das Gefieder ist weniger kontrastreich und die Farben erscheinen verwässert.
Maße: Gesamtlänge 115–140 cm.
Gewicht: 5–6 kg, Männchen schwerer als Weibchen.
Verbreitung: Australien mit Ausnahme des Nordens und der Trockengebiete im Zentrum des Kontinents; bleibt im Brutgebiet, selten Wintergast im Norden. Auch Brutvogel in Tasmanien; in Neuseeland eingeführt.

SCHWARZHALSSCHWAN
Cygnus melanocoryphus
Merkmale: Gefieder an Körper und Schwingen strahlend weiß, am Hals und Kopf schwarz; graublauer Schnabel mit rosa Höcker, Augenränder weiß; Füße fahl rosarot. Jungtiere ähneln den Eltern, sind aber heller gefärbt.
Maße: Körperlänge etwa 100 cm.
Gewicht: Weibchen durchschnittlich 4 kg, Männchen 5,4 kg.
Verbreitung: Südliches Südamerika. Winterquartiere im Norden des Brutgebietes bis zum Wendekreis des Steinbockes.

Schwarzhalsschwan *(Cygnus melanocoryphus)*

Singschwäne in ihrem Lebensraum

Wie bei zahlreichen anderen Vogelarten ändert sich auch bei Singschwänen der Aufenthaltsbereich mit dem Wechsel der Jahreszeiten.

Ihre Brutplätze liegen an Moor- und Tundrenseen, deren Wasserflächen stets offenbleiben. Die Vögel bevorzugen flache Weiher und Seen. Singschwäne brüten allerdings auch an langsam fließenden Flüssen, und bisweilen nehmen sie an Flußmündungen oder Meeresarmen auch mit Brack- oder Salzwasser vorlieb.

Ideale, da für die meisten Landraubtiere schwer zugängliche Nistplätze sind Inselchen oder Landzungen in der nordischen Taiga, in der viele Singschwäne beheimatet sind. Diese Vorliebe für die Abgeschiedenheit ist dennoch nicht allen Singschwänen eigen, denn zahlreiche Brutpaare nisten in offenem Gelände.

Normalerweise leben die Tiere in Höhen bis zu 500 m; nistende Pärchen wurden auch schon in 800 m Höhe angetroffen. Die Singschwäne ziehen die Waldtundra der offenen Tundra vor; nur in Nordskandinavien und Island, wo sie keine Alternative haben, kommen sie in der baumlosen Tundra vor. Die Vegetation ihres Brutreviers ist im allgemeinen relativ niedrig und umfaßt Flächen, die vorwiegend mit Zwergsträuchern und Gräsern bewachsen sind.

Flucht vor dem Winter

Auch während des Zuges übt das Wasser einen großen Reiz auf die Schwäne aus, daher bevorzugen die Singschwäne für ihre Wanderungen die Meeresküsten. Die Vögel folgen deren Verlauf und ruhen auf dem Wasser aus, da dort ihre Sicherheit am besten gewährleistet ist. Oftmals müssen die Schwäne allerdings dem Netz der Binnengewässer folgen und orientieren sich dann an den großen Flußläufen und Seen.

Die meisten Singschwäne verbringen an den Küsten des eurasischen Kontinents den Winter, unabhängig davon, ob es sich um die Ozeane und ihre Randmeere wie die Nordsee mit dem Ärmelkanal, das Gelbe oder das Japanische Meer handelt oder aber um Binnenmeere wie die Ostsee, das Schwarze und das Kaspische Meer.

Ohne Nahrung kein Bleiben

Wo die Singschwäne überwintern, hängt in erster Linie vom Nahrungsangebot ab. Die Vögel ernähren sich hauptsächlich von Pflanzen, und vorzugsweise stehen Wasserpflanzen auf dem Speiseplan. Zu den häufigsten Futterpflanzen gehören Wasserhahnenfuß, Seggen, Wasserpest und an der Küste Seegras. Manchmal nehmen die Vögel auch kleine Weichtiere auf und ergänzen ihre Mahlzeiten gegebenenfalls durch Gras und Feldfrüchte.

Wenn sie sich in Mitteleuropa niederlassen, suchen sie oft bewirtschaftete Flächen auf und gesellen sich dann beispielsweise in den Niederlanden und in Deutschland zu den Kühen auf Wiesen und Weiden. Dort rupfen sie Gräser und Futterpflanzen ab oder tun sich auf abgeernteten Maisfeldern an den stehengebliebenen Strünken der Maispflanzen gütlich.

Generell sollten die Brut- und Rastplätze der Singschwäne zwei Bedingungen erfüllen: die Gewässer dürfen nicht zu groß und müssen flach sein, so daß die Schwäne die am Boden wachsenden Wasserpflanzen mit ausgestrecktem Hals noch erreichen können.

Im Unterschied zu den Höckerschwänen verfügen die Singschwäne allerdings noch über eine andere Technik des Nahrungserwerbes. Sie graben mit dem Schnabel sowohl am Grund der Gewässer als auch auf den Feuchtwiesen nach Wurzeln. Dabei entstehen kreisrunde Löcher von rund 10 cm Tiefe und bis zu 80 cm Durchmesser.

Verluste

Bei weitem nicht alle Singschwäne überstehen die Strapazen des Zuges und die Entbehrungen des Winters. Wenn in harten Jahren die Gewässer früh zufrieren und auch auf den Zugstrecken die Wasserflächen vereist sind, verenden viele Vögel.

Räuber wie Wanderfalken, Seeadler und Rohrweihen erbeuten Jungtiere oder geschwächte Altvögel. Hin und wieder vergreifen sich auch Wölfe und kleine Raubtiere wie Füchse, Marderhunde oder Vielfraße an der Schwanenbrut.

Die Heimat der Singschwäne umfaßt ein riesiges Areal im Norden Eurasiens, das sich von Norwegen bis zur Halbinsel Kamtschatka erstreckt. Sobald im Frühjahr das Eis schmilzt, finden sich die Vögel in ihrem Brutgebiet zwischen dem 50. und dem 70. nördlichen Breitengrad ein. Zum Überwintern fliegen die im Osten lebenden Vögel nach Ostchina, Korea und Japan, und die im Zentrum beheimateten Tiere suchen große Binnenseen auf. Mit Ausnahme der standorttreuen isländischen Singschwäne, von denen nur wenige nach Irland oder Schottland ziehen, überwintern die westlichen Populationen an europäischen Gewässern.

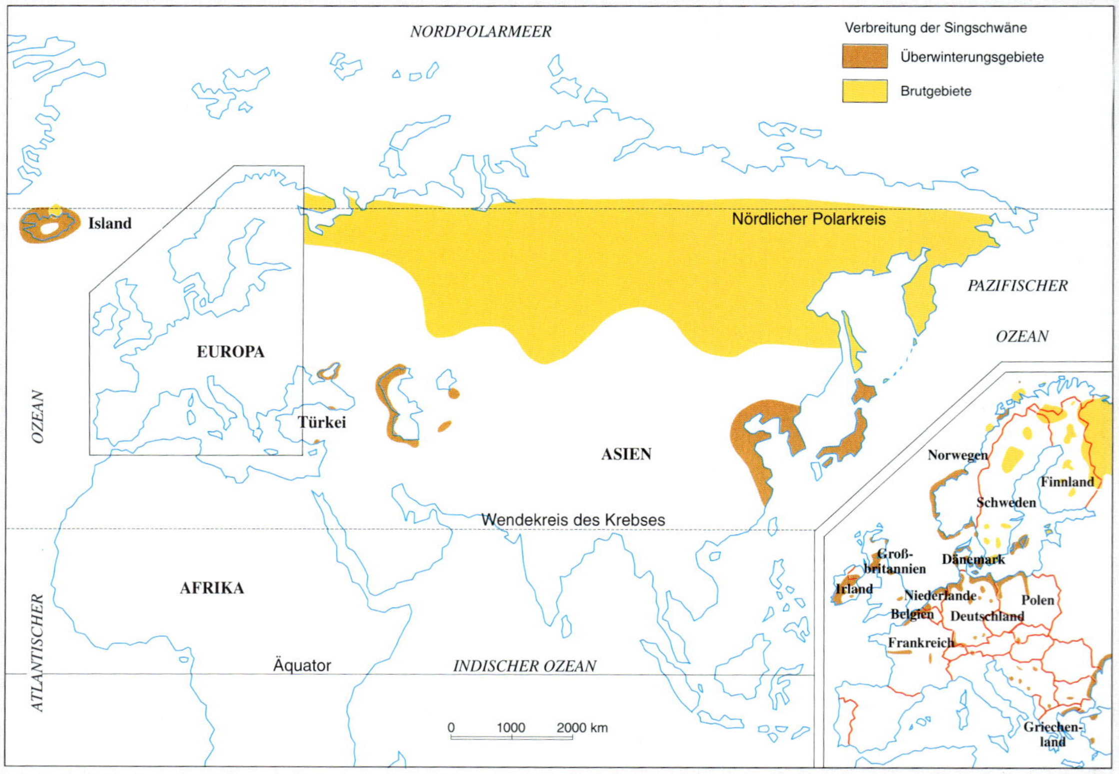

Symbol der Schönheit

Schwäne spielen in allen Kulturen eine wichtige Rolle in den Überlieferungen und tauchen dort meistens als Symbol von Schönheit und Reinheit auf. Eine der ältesten Erwähnungen des Schwanes findet sich in der griechischen Mythologie: Leda, die Gattin des Königs Tyndareos von Sparta, verwandelte sich in eine Gans, um sich den Annäherungsversuchen von Zeus zu entziehen. Dieser näherte sich ihr deshalb als harmlos wirkender Schwan, um ihr zu gefallen. Sie erlag seinem Zauber, und der Verbindung von Leda und Zeus entsprangen zwei Kinder, die schöne Helena und der Dioskur Polydeukes.

Ein Quell künstlerischer Inspiration

Dieser Mythos inspirierte viele Maler, darunter den berühmten italienischen Künstler der Renaissance Leonardo da Vinci sowie seinen Landsmann Correggio, dessen Gemälde von Leda mit dem Schwan sich in den Museen von Berlin-Dahlem befindet.

Der griechischen Legende nach sollen die Schwäne kurz vor ihrem Tod noch einen letzten, unbeschreiblich schönen Gesang anstimmen. Dieses Thema fand Eingang in die Musik, und Ballettkompagnien aus der ganzen Welt interpretierten diese Melodien. Den sterbenden Schwan aus der Komposition „Karneval der Tiere“ von Camille Saint-Saëns tanzten alle Weltstars des Balletts. In der Kunst wird das letzte Werk eines Dichters oder Komponisten als „Schwanengesang“ bezeichnet.

Die Anmut und das leuchtendreine Weiß des Vogels wurden in der Literatur mannigfach beschrieben. So schilderte beispielsweise Theodor Fontane in seinen *Wanderungen durch die Mark Brandenburg* Schwäne auf der Havel, die „wie mächtige weiße Blumen ... über die blaue Fläche hin [blühen], ein Bild stolzer Freiheit“.

Auch im Symbolismus und in der bilderreichen Literatensprache ist der weiße Vogel allgegenwärtig. Schwäne dienen den Schriftstellern häufig als Vergleiche für eine schöne Frau oder die Reinheit an sich, die es zu preisen gilt. Im Fernen Osten ist der Schwan ein Symbol für Eleganz, Adel und Mut.

Eine europäische Sagengestalt ist der sogenannte Schwanenritter, der auf einem Kahn, den ein Schwan zieht, einer Fürstin zu Hilfe eilt. Nach der Vermählung mit ihm bricht sie ihr Versprechen, nicht nach seiner Herkunft zu fragen, und er muß sie wieder verlassen. Mehrfach wurde diese Sage künstlerisch verarbeitet – zuerst von dem mittelalterlichen Dichter Wolfram von Eschenbach, der den Lohengrin schuf. Richard Wagner verewigte diese tragische Gestalt in seiner gleichnamigen Oper.

Das häßliche Entlein

Kaum ein Kind wächst auf, ohne dem Märchen vom häßlichen Entlein von Hans Christian Andersen gelauscht zu haben. Ergriffen verfolgt es die Geschichte von dem jungen Schwan, der von einer Ente ausgebrütet wird. Wegen seiner Andersartigkeit erfährt dieser Vogel Ablehnung und ist deshalb verzweifelt, bis er sich schließlich nach einem langen entbehrungsreichen Winter seiner wahren Identität bewußt wird, als schöner Schwan aus diesem bösen Traum erwacht und sich Artgenossen anschließt.

Das Vorbild für diesen Vogel ist der Höckerschwan, ein naher Verwandter des Singschwanes, der in den Grünanlagen und Parks vieler Länder so zahlreich vertreten ist, daß sich die Abhandlungen, die sich auf Schwäne im allgemeinen beziehen, meist den Höckerschwan als Vorbild wählen. Er ist zudem eines der ersten Tiere, das Kinder kennenlernen. Welches Kind hat noch keinen Schwan mit Brot gefüttert und dabei Ängste ausgestanden, gebissen zu werden?

Lernfähige Schwäne

Singschwäne gehören nicht zu den vom Aussterben bedrohten Tierarten; das bedeutet allerdings nicht, daß ihre Zukunft vollkommen gesichert ist.

Während des Winters ändern die Singschwäne ihre Freßgewohnheiten. Vermehrt suchen sie dann auf ausgedehnten Landgängen ihre Nahrung. Gemächlichen Schrittes watscheln die Vögel über Wiesen und Felder. Sie begnügen sich jedoch nicht damit, die Pflanzen mit ihrem Schnabel abzurupfen, sondern graben auch die Erde auf, um die Wurzeln zu erreichen – sehr zum Leidwesen der Landwirte, die sich um die Früchte ihrer Arbeit betrogen sehen und verständlicherweise ungehalten reagieren. Wenn eine solch große Schar wie auf dieser Abbildung über einen Acker gezogen ist, kann der angerichtete Schaden erheblich sein. Felder oder Wiesen sehen nach der Invasion der Schwäne wie umgepflügt aus.

Die Überwinterungsgebiete dieser Schwimmvögel, die sich zum Teil in Mitteleuropa oder in Ostasien in Zonen mit extrem hoher Bevölkerungsdichte befinden, unterliegen großen Veränderungen. Sümpfe werden trockengelegt, und die intensive Landgewinnung an der Küste hat einige wichtige Winterquartiere der Singschwäne in Viehweiden verwandelt. Da die Schwäne ihren Aufenthaltsort nicht wechseln konnten, mußten sie sich zwangsläufig anpassen: Heutzutage kann man nicht selten Kühe und Schwäne nebeneinander auf einer Weide grasen sehen. An anderen Orten bedroht die Rodung der Wälder die Lebensräume der Schwäne.

Schon immer kommen Entenvögel in den Ländern, in denen viele von ihnen überwintern, mit der Landwirtschaft in Konflikt. Die Vögel haben in Ermangelung naturbelassener Flächen gelernt, die angebauten Pflanzen oder das Gras der Viehweiden zu fressen. Verständlicherweise wird dieses „unbefugte Eindringen“ von den Bauern nicht gern gesehen.

Winterhilfe

In einigen Ländern, wie z. B. den Niederlanden, sind diese Probleme zum Teil gelöst worden; dort erhalten die betroffenen Landwirte eine Zahlung zum Ausgleich für die angerichteten Schäden. Damit soll außerdem verhindert werden, daß einzelne Bauern auf eigene Faust „Maßnahmen ergreifen“.

In Japan haben die Regierungsbehörden gar beschlossen, die Winterfütterung der Singschwäne und der Zwergschwäne zu finanzieren. Sie findet an den Stellen statt, an denen sich die Vögel in größeren Scharen eingefunden haben. Einige Kritiker dieser Maßnahme bemängeln, daß es schlecht sei, einer Tierart das natürliche Mißtrauen vor dem Menschen zu nehmen, und daß darüber hinaus bei einer Ansammlung so vieler Vögel am selben Ort Seuchen hohe Tribute fordern können.

Nach Norden zurückgedrängt

In den Brutrevieren haben die Jagd und die Zerstörungen von Nestern und Gelegen den Bestand der Singschwäne bis zum 20. Jh. stark dezimiert. Die Tiere wurden insbesondere ihres Fleisches wegen erlegt, denn ein Vogel von etwa 10 kg Lebendgewicht stellte eine lohnende Jagdbeute dar. So hat sich in Schweden die südliche Verbreitungsgrenze des Singschwanes immer mehr gen Norden verschoben. Im Jahr 1800 lag sie bei 60° nördlicher Breite, während sie um 1920 schon am 67. Breitengrad zu verzeichnen war. In Skandinavien ist die Verfolgung seit 20 Jahren praktisch eingestellt, und die Vögel haben seither einen Teil ihres ursprünglichen Lebensraumes wieder zurückerobert.

Doch auch im Winter hatten die Tiere unter Verfolgungen zu leiden. Die Menschen machten sich besonders in harten Wintern die Not der Schwäne zunutze und schlugen ins Eis der Seen große Löcher – allerdings nicht, um die Vögel vor dem Verhungern zu retten. Sie wollten möglichst viele Tiere anlocken, und wenn diese sich erst auf dem Wasser niedergelassen hatten, erschlugen die fleißigen Eisbrecher die ahnungslosen Schwäne.

Seit die Schwäne unter Schutz gestellt sind, gingen die Verluste durch die Jagd auch anderenorts zurück, doch längst nicht in allen Gebieten halten sich die Jäger an die Regelungen. Immerhin haben die zahlreichen Maßnahmen, die in diesem Jahrhundert getroffen wurden, zu einer Sicherung des Bestandes geführt.

Opfer der Sucht nach Schwanenpelz

Die seltenste Schwanenart, der Trompeterschwan, war zu Beginn des 20. Jh. fast ausgestorben, obwohl er einst in Kanada und den USA bis zu den Großen Seen weit verbreitet war. Die Eroberung des Wilden Westens leistete seiner Ausrottung Vorschub; darin erging es ihm nicht anders als dem Kondor in Kalifornien. Die Siedler töteten ohne Skrupel Tausende von Trompeterschwänen um ihres Fleisches und ihrer zahlreichen Dunenfedern willen. Letztere sind ein ausgezeichneter Kälteschutz und waren für die Herstellung von Federbetten und Kissen sehr begehrt. Außerdem wurde der Schwanenflaum gern als „Schwanenpelz“ zur Verzierung von Hüten, als Besatz von Theaterkostümen und nicht zuletzt zur Herstellung von Puderquasten verwendet.

Die Verfolgung der Trompeterschwäne führte zu einer schier aussichtslos erscheinenden Lage: in den 30er Jahren wurden gerade noch 66 Vögel gezählt. Dieser winzige Restbestand war auf den Yellowstone-Nationalpark beschränkt. Um Abhilfe zu schaffen, beschlossen die verantwortlichen Behörden strengste Schutzmaßnahmen. Naturschützer fingen Vögel, die in Alaska entdeckt worden waren, ein und brachten sie in eigens eingerichtete Schutzgebiete. Um eine Verarmung des Erbgutes der langsam wachsenden Populationen zu verhindern, tauschten sie in den Folgejahren einzelne Tiere aus und führten gezielt Kreuzungen durch. Ein knappes halbes Jahrhundert später, im Jahr 1975, war der Bestand an Trompeterschwänen auf schätzungsweise 6000 Tiere angewachsen, von denen 75 % in Alaska zu Hause waren.

Zur Rettung des Trompeterschwanes initiierten die Amerikaner und Kanadier ein großangelegtes Artenschutzprojekt. Sie transportierten die letzten Exemplare in Schutzgebiete und konnten so ein Aussterben der Art verhindern. Sorgfältig wachen sie auch weiterhin über die Bestände und eilen in Not geratenen Schwänen zu Hilfe.

Bildnachweis

Umschlagvorderseite: Reinhard-Tierfoto

Innenteil: S. 4 Bios, B. & C. Alexander/Cosmos, T. Walker/Jacana, G. Robertson/Auscape Int.; S. 5 T. Ulrich/OSF, T. Walker/Jacana, H. Ausloos/Bios, P. Ward/Bruce Coleman; S. 7 B. Alexander/NHPA; S. 8/9 H. Reinhard/Bruce Coleman; S. 10/11 C. Alexander /NHPA; S. 11 Curtsinger/Ph. Researchers/Jacana; S. 12 B. Alexander/NHPA; S. 12/13 Varin-Visage/Jacana; S. 13 C. Alexander/NHPA; S. 14 J. Soler/Jacana; S. 14/15 o. C. Alexander/NHPA; S. 14/15 u. F. Bruemmer-P. Arnold/Bios; S. 15 F. Bruemmer-P. Arnold/Bios; S. 16 C. Alexander/NHPA; S. 16/17 o. C. Alexander/NHPA; S. 16/17 u. C. Alexander/NHPA; S. 17 o. F. Bruemmer-P. Arnold/Bios; S. 17 u. Curtsinger/Ph. Researchers/Jacana; S. 18/19 F. Bruemmer-P. Arnold/Bios; S. 20 H. Reinhard/Bruce Coleman; S. 21 R. Bossu/Sygma; S. 22 o. Lemoigne/Pix; S. 22 u. L. Lee Rue III/Bruce Coleman; S. 23 E. Mickleburgh/Ardea; S. 25 R. Bossu/Sygma; S. 26 P. Roques/Sygma; S. 27 B. u. C. Alexander/Cosmos; S. 28/29 H. Ausloos; S. 30 Colour Library Books/Planet Earth Pictures; S. 30/31 D. Guravich/PHR/Jacana; S. 31 J. Shaw/NHPA; S. 32/33 o. I. Beames/Ardea; S. 32/33 u. J. C. Stoll/Jacana; S. 33 S. J. Krasemann/PHR/Jacana; S. 34 l. Colour Library Books/Planet Earth Pictures; S. 34 o. r. J. C. Stoll/Jacana; S. 34 u. r. J. C. Stoll/Jacana; S. 34/35 J. C. Stoll/Jacana; S. 36/37 o. B. u. C. Alexander/Cosmos; S. 36/37 u. B. u. C. Alexander/Cosmos; S. 37 C. Dani/I. Jeska/Bios; S. 38/39 J. Swedberg/Ardea; S. 40/41 J. Brandenburg/Cosmos; S. 41 o. P. Morris/Ardea; S. 41 u. K. W. Fink/Ardea; S. 42/43 D. Guravich/PHR/Jacana; S. 43 D. Puleston/PHR/Jacana; S. 44/45 B. u. C. Alexander/Cosmos; S. 45 J. Bennet/Survival Anglia; S. 46 E. u. P. Bauer/Bruce Coleman; S. 47 T. Walker/Jacana; S. 48/49 T. Walker/Jacana; S. 50 M. W. Grosnick/Ardea; S. 50/51 S. J. Krasemann/Bruce Coleman; S. 51 J. Brandenburg/Planet Earth Pictures; S. 52/53 L. Lee Rue III/PHR/Jacana; S. 53 o. T. Walker/Jacana; S. 53 u. l. M. W. Grosnick/Ardea; S. 53 u. r. T. Walker/Jacana; S. 54 P. Henry/OSF; S. 54/55 o. I. Beames/Ardea; S. 54/55 u. E. u. P. Bauer/Bruce Coleman; S. 56 A. Kamser/Black Star/Rapho; S. 56/57 S. Roberts/Ardea; S. 57 C. Ott/Bruce Coleman; S. 58/59 H. W. Silvester/Rapho; S. 60/61 T. Walker/Jacana; S. 61 o. S. J. Krasemann/Bruce Coleman; S. 61 u. M. W. Grosnick/Ardea; S. 63 Bertinetti/Rapho; S. 64 R. Seitre/Bios; S. 64/65 J. Wenk/Black Star/Rapho; S. 66 H. Donnezan/Rapho; S. 67 G. Robertson/Auscape Int.; S. 68/69 V. Bretagnolle/Bios; S. 70 G.-L. Kooyman/Animals Animals/OSF; S. 70/71 Curtsinger/PHT/Jacana; S. 71 V. Bretagnolle/Bios; S. 72 A. Piantanida/Bios; S. 72/73 G. Robertson/Auscape Int.; S. 73 T. Thomas/Bios; S. 74 G. Robertson/Auscape Int.; S. 74/75 G. Robertson/Auscape Int.; S. 75 D. Allan/OSF; S. 76 G. Robertson/Auscape Int.; S. 76/77 D. Allan/OSF; S. 77 T. Thomas/Bios; S. 78/79 G. Robertson/Auscape Int.; S. 80 V. Bretagnolle/Bios; S. 81 o. D. Allan/OSF; S. 81 u. V. Bretagnolle/Bios; S. 82 l. K. Westerskov/OSF; S. 82 r. J. u. D. Bartlett/Bruce Coleman; S. 83 l. D. Allan/OSF; S. 83 r. K. Westerskov/OSF; S. 84/85 D. Allan/OSF; S. 86 G. Robertson/Auscape Int.; S. 87 Klein-Hubert/Bios; S. 88/89 T. Ulrich/OSF; S. 90 W. Hernandez/PHR/Jacana; S. 90/91 Klein-Hubert/Bios; S. 91 l. Klein-Hubert/Bios; S. 91 r. Klein-Hubert/Bios; S. 92 T. Ulrich/OSF; S. 92/93 E. u. P. Bauer/Bruce Coleman; S. 93 E. u. P. Bauer/Bruce Coleman; S. 94 Klein-Hubert/Bios; S. 94/95 Klein-Hubert/Bios; S. 95 J. Lepore/PHR/Jacana; S. 96/97 o. Klein-Hubert/Bios; S. 96/97 u. S. Krasemann/NHPA; S. 97 Klein-Hubert/Bios; S. 98/99 E. u. P. Bauer/Bruce Colemann; S. 100/101 S. Cordier/Jacana; S. 101 o. Klein-Hubert/Bios; S. 101 u. K. W. Fink/Ardea; S. 102/103 Klein-Hubert/Bios; S. 104 M. Terrasse; S. 105 M. Terrasse; S. 106 M. Terrasse; S. 107 S. Cordier/Jacana; S. 108/109 W. Lankinen/Bruce Coleman; S. 110 R. Kemp/Survival Anglia; S. 110/111 o. A. Visage/Bios; S. 110/111 M. A. Visage/Bios; S. 110/111 u. A. Visage/Bios; S. 112 G. Ziesler/Bruce Coleman; S. 112/113 S. Nielsen/Bruce Coleman; S. 113 G. Reszeter/Oxford Sc. Films; S. 114 J. & D. Bartlett/Bruce Coleman; S. 115 o. J. & D. Bartlett/Bruce Coleman; S. 115 u. Klein-Hubert/Bios; S. 116 J. & D. Bartlett/Bruce Coleman; S. 116/117 o. J. L. Ermel/Bios; S. 116/117 u. W. Lankinen/Bruce Coleman; S. 117 J. & D. Bartlett/Bruce Coleman; S. 118/119 W. Lankinen/Bruce Coleman; S. 120/121 J. L. Le Moigne/Jacana; S. 121 L. Campbell/NHPA; S. 122 R. Tidman/NHPA; S. 122/123 S. Krasemann/Jacana; S. 123 D. Green/Survival Anglia; S. 124/125 Klein-Hubert/Bios; S. 126 A. Guerrier/Colibri; S. 127 E. & P. Bauer/Bruce Coleman; S. 128/129 J. Warden/Cosmos; S. 130 T. Walker/Jacana; S. 130/131 J. Foott/Survival Anglia; S. 131 S. Kaufman/Bruce Coleman; S. 132 J. Foott/Bruce Coleman; S. 132/133 J. Foott/Bruce Coleman; S. 133 S. Krasemann/NHPA; S. 134 o. H. Ausloos/Bios; S. 134 u. B. Kadiri-Marcon/Bios; S. 134/135 J. Alcalay/Bios; S. 135 E. & P. Bauer/Bruce Coleman; S. 136 F. Erize/Bruce Coleman; S. 136/137 A. Giddings/Bruce Coleman; S. 137 C. Palek/Animals Animals; S. 138/139 J. Foott/Bruce Coleman; S. 140/141 H. Ausloos/Bios; S. 141 o. H. Ausloos/Bios; S. 141 u. L. Lauber/Oxford Sc. Films; S. 142/143 R. Salm/Planet Earth Pictures; S. 144/145 B. & C. Alexander/Cosmos; S. 145 B. & C. Alexander/Cosmos; S. 146 B. & C. Alexander/Cosmos; S. 147 P. Henry/Bios; S. 148/149 R. Wilmshurst/Bruce Coleman; S. 150 T. Saga/Rapho; S. 150/151 T. Saga/Rapho; S. 151 T. Saga/Rapho; S. 152 T. Saga/Rapho; S. 152/153 T. Saga/Rapho; S. 153 T. Saga/Rapho; S. 154 o. Ph. Henry/Oxford Sc. Films; S. 154 u. G. McCarthy/Bruce Coleman; S. 155 o. T. Saga/Rapho; S. 155 u. Ph. Henry/Oxford Sc. Films; S. 156/157 T. Saga/Rapho; S. 157 T. Saga/Rapho; S. 158/159 T. Saga/Rapho; S.160/161 P. Henry/Bios; S. 161 o. A. Visage/Bios; S. 161 u. A. Lindau/Ardea; S. 162 J. Foott/Survival Anglia; S. 162/163 H. Henry/Oxford Sc. Films; S. 163 o. J. P. Ferrero/Jacana; S. 163 u. J. Blossom/NHPA; S. 165 U. Walz GDT/Bruce Coleman; S. 166 G. Oakley/Rapho.

Der Inhalt dieses Bandes basiert auf Vorlagen von Larousse, Paris, und Texten der Redaktion Larousse.

Übersetzung:
Christoph Arndt
Sybille A. Illfeld
Herta Martinache
Dr. Marion Papenbrok

Übersetzergemeinschaft Sternheimer.
Leitung: Michael C. Sternheimer
Bettina Gleißenberger, Isabelle Jahraus

Wissenschaftlicher Beirat:
Prof. Dr. Wilbert Neugebauer

Wissenschaftliche Mitarbeit:
Dr. Guido Dehnhardt
Martin Kaiser
Prof. Dr. Hans Klingel
Dr. Eckart Pott

Redaktion: Dr. Angela Meder (Projektleitung), Annegret Diener-Steinherr
Produktion: Heinz Franke
Einbandgestaltung: Gabriele Stammer-Nowack

Entwicklung Sachbuchprogramme
Redaktionsdirektor: Ludwig R. Harms
Senior Editor: Georg Kessler

Produktgrafik
Art Director: Werner Kustermann
Art Editor: Rudi K. F. Schmidt

Materialwirtschaft
Direktor Materialwirtschaft: Joachim Forster
Leitung Produktion Sachbücher und Illustrierte Serien: Joachim Spillner

---

Printed in Germany

ISBN 3 87070 490 X